KB195049

초등 1, 2학년
문해력&글쓰기
교실

초등 1, 2학년 **문해력&글쓰기 교실**

초판 1쇄 인쇄 | 2025년 3월 12일
초판 1쇄 발행 | 2025년 4월 1일

지은이 | 공혜정·신재현
발행인 | 안유석
책임편집 | 비사이드 미
디자이너 | 권수정
펴낸곳 | 처음북스
출판등록 | 2011년 1월 12일 제2011-000009호
주소 | 서울 강남구 강남대로 374 스파크플러스 강남 6호점 B229호
전화 | 070-7018-8812
팩스 | 02-6280-3032
이메일 | cheombooks@cheom.net
홈페이지 | www.cheombooks.net
인스타그램 | @cheombooks
페이스북 | www.facebook.com/cheombooks
ISBN | 979-11-7022-293-4 13590

초등교사 부부가 알려 주는

초등 1, 2학년

문해력&

글쓰기

교실

공혜정·신재현 지음

처음북스

아이들과 함께
문해력으로 떠나는 여행

"요즘 우리 아이들, 책 읽기나 글쓰기를 많이 힘들어하지 않나
요?"

현직 초등교사로서 저희 역시 아이들의 문해력 부족을 날로 실
감하고 있습니다. 아이들이 말을 듣고 이해하거나 글을 읽고 소통
하는 능력이 점점 떨어지고 있어요.

한 가지 예를 들어 볼게요. 초등학교 1학년 교실에서 "자, 오른손
을 들어 보세요!"라고 하면, 예전에는 대부분 바로 오른손을 들었
어요. 그런데 요즘은 절반도 안 되는 아이들만 제 말을 이해하고
손을 듭니다. 나머지 아이들은 다른 생각을 하거나 산만해져 있어
요. 그래서 제가 오른손을 직접 들며 "이렇게 해 보세요!"라고 시범
을 보여야 비로소 따라 하는 경우가 많습니다. 왜 그럴까요? 요즘

아이들은 영상 매체에 더 익숙해져 있기 때문입니다. 설명서를 읽기보다는 유튜브 영상을 보고 배우고, 요리법도 책 대신 요리 영상을 따라 하곤 하죠. 글이나 말을 통해 사고하고 이해하는 것보다 영상으로 즉각적인 정보를 얻는 게 더 익숙한 세대입니다.

문해력은 글을 읽고, 쓰고, 이해하며 이를 바탕으로 생각하고 소통하는 힘을 말합니다. 문해력은 세상을 살아가는 데 반드시 필요한 능력이에요. 특히 초등학교에서의 문해력은 단순히 학습에 필요한 기초일 뿐 아니라 아이들이 자신의 삶과 세계를 이해하고 스스로를 표현하며 세상과 연결하는 능력을 일컫습니다.

제가 가르쳤던 아이 중에 영어도 유창하고 수학 연산도 척척 해내는 등 대부분 과목을 잘하는데 문해력이 좀 부족한 학생이 있었어요. 이 아이는 친구 간에 다툼이 일어났을 때 자신의 입장을 언어로 표현하고 감정을 드러내는 게 서툴렀습니다. 당연히 상황을 말로 해결하기 어려웠지요. 그러다 보니 말보다는 과격한 행동이 앞서 학교폭력을 휘두르는 아이로 알려지게 되었습니다. 이 친구를 자세히 관찰해 보니 일단 글을 읽는 것을 굉장히 싫어하더라고요. 글을 읽고 중심 생각을 파악하는 내용을 공부할 때 정말 힘들어했습니다. 무슨 말을 하는지 모르겠다고 하면서 글 읽는 자체를 아예 포기해 버리더라고요. 이 아이는 시간이 흐를수록 국어,

사회, 과학 등 개념을 이해하는 교과를 이해하는 데 어려움이 생겼고, 수학도 단순 연산만 잘할 뿐 문장 형식의 응용문제는 손을 못 댔습니다. 이 아이를 돕기 위해 쉬운 글부터 시작해 차근차근 읽고 이해하는 연습을 시켰습니다. 가정에서도 책을 읽으며 대화를 나누도록 지도했어요. 평소 알고 있는 단어의 개수를 늘리고 어려운 단어의 뜻을 풀어 설명하고 적용해서 말하는 연습을 꾸준히 하다 보니 아이가 조금씩 달라지기 시작하더라고요. 친구와 싸웠을 때도 감정을 누르고 자신이 사용할 수 있는 언어로 표현하려고 노력했어요. 자연스레 친구랑 다투는 일도 잦아지고 과격하게 행동하거나 반항적인 모습을 보이는 일 또한 눈에 띄게 줄었습니다.

문득 깨달았습니다. '문해력은 어쩌면 우리 아이들이 세상과 소통하고 자신을 연결하는 중요한 다리 역할을 하는 건 아닐까, 단순히 학교 공부를 잘하기 위한 것뿐 아니라 세상과 소통하고 새로운 세계를 이해하며 성장하는 데 꼭 필요한 역할을 하는 것은 아닐까?' 하고 말이죠.

부모님 입장에서는 아이에게 시켜야 하는 교육이 왜 이렇게 많은가 싶어 피곤한 마음부터 듭니다. 저희 역시 두 아이를 키우는 학부모라서 그 마음을 잘 알아요. 하지만 현직에 있는 초등교사로서 자신 있게 말할 수 있는 것은 문해력 향상에 필요한 이 모든 과정은 사실 다 학교 수업 시간에 녹아 들어가 있다는 거예요. 아이들은 학교 수업만 놓치지 않고 따라와도 됩니다. 무엇보다 문해력은 특별한 도구나 어려운 방법 없이 가정에서 아이에게 풍부한 언어 환경을 심어 주고 그 속에서 일상적인 활동을 하면서 충분히 향상시킬 수 있어요.

특히 초등학교 1~2학년은 문해력이 발달할 수 있는 가장 중요한 시기입니다. 이 시기에 문자와 언어를 접하며 읽기와 쓰기의 기초를 다지게 되죠. 이 책에서는 학교에서 진행하는 교육 내용과 연계해 가정에서 쉽게 따라 할 수 있는 문해력 활동과 글쓰기 활동을 단계별로 소개하고자 합니다. 가정에서 아이가 즐겁게 참여할 수 있도록 학교에서 배운 내용을 활용해 읽고 쓰는 능력을 키우는 활동들로 구성했어요.

언어와 문자를 자유자재로 읽고 쓰고 활용할 수 있을 때 아이들은 자신을 좀 더 자유롭게 표현하면서 세상을 더 깊이 있게 느낄 수 있어요. 문해력은 아이들이 세상을 살아가는 데 있어 아주 중요한 도구이자 무기가 될 수 있습니다. 이 책이 아이의 인생에서 꼭 필요한 능력을 키워 주는 길잡이가 되길 바랍니다.

공혜정, 신재현

차례

놓치면 안 되는
초등 1~2학년 문해력

초등 1학년 국어 교육은
어떻게 진행될까?

3장
집에서 할 수 있는
초등 1학년 문해력 심화 활동

4장
집에서 하는
1학년 문해력 글쓰기

5장 초등 2학년 국어 교육은 어떻게 진행될까?

6장 집에서 할 수 있는 초등 2학년 문해력 심화 활동

7장
집에서 하는
2학년 문해력 글쓰기

8장
초등 문해력
궁금증 Q&A

초등 1~2학년 시기는 초기문해단계로
문해력의 기본기를 잘 다져야 합니다.
부모님은 이 시기에 아이가
명확히 한글을 뗄 수 있게 도와야 합니다.
그래야 우리 아이가 세상과 바르게 소통할 수 있습니다.

1장

놓치면 안 되는 초등 1~2학년 문해력

지금부터 문해력이 왜 중요한지, 그중에서도 특히 초등학교 1~2학년 시기에
문해력이 왜 중요한지 알아보도록 해요. 지금 사회에서 문해력이 왜 이렇게
이슈인지, 이러한 환경 속에서 우리 아이들에게 필요한 문해력은 구체적으로
무엇인지, 이를 학교에서 어떻게 배우고 활용해야 하는지 전반적으로 알려 드
릴게요.

문해력은 왜
중요한 걸까요?

문해력이란, '문자를 읽고 해석하는 능력'을 뜻하지만 단순히 글을 읽는 데서 끝나지 않습니다. 문해력은 글의 내용을 이해하고, 정보를 활용하며, 문제를 해결하는 능력까지 의미하기 때문이지요. 더 나아가, 글의 적절성과 신뢰성을 평가하고 분별하는 능력도 포함합니다.

문해력은 텍스트를 읽으며 학습하는 모든 공부의 기초를 다지는 것뿐 아니라, 다른 사람들과 소통하며 사회적으로도 자신의 역할과 기능을 해 나가고 실제적으로 생활하는 데도 꼭 필요한 능력이에요.

문해력 이슈, 왜 지금 뜨거운가?

문해력이 최근 들어 왜 논란의 중심에 서게 되었는지 몇 가지 사례들로 되짚어 볼게요. 여러분도 이미 알고 있는 이야기도 있을 것이고, '설마 그랬다고?' 하면서 깜짝 놀라게 되는 경우도 있을 거예요. 사례들을 보면서 어느 부분에서 문제가 있는 건지 알아보아요.

학교에서 불거진 문해력 이슈

학교 현장에는 문해력과 관련된 웃지 못할 사례들이 있어요. 이러한 현상 때문에 학교에서 아이들과 소통하거나 학부모님들께 가정통신문으로 안내할 때 어떻게 해야 소통의 간극을 줄일지 고민이 많아요.

- 여름방학 캠프 안내문에 '중식 제공'이라고 적었더니, 한 학부모님께서 "우리 아이는 중국음식을 싫어하니 한식으로 바꿔 주세요."라고 민원을 넣으셨다고 해요.
- "우천 시 ○○로 변경"이라는 문구를 보고 "우천시라는 지역이 어디냐?"고 묻는 경우도 있었다고 해요.
- "교과서는 도서관 사서 선생님께 반납하세요."라는 안내를 보고 직접 교과서를 구매해(사서) 반납하는 경우도 있었어요.

사회적으로 떠오른 문해력 이슈

사회적인 문해력 이슈는 주로 어휘의 생소함이나 문장의 맥락을 이해하지 못해 생긴 오해들로 빚어진 것들입니다. 이러한 문제들은 단순한 언어 소통의 어려움뿐만 아니라 세대 간의 거리감을 넓히는 요인이 되고 있어요. 사회 전반에서 글을 읽고 내용을 이해하는 데 어려움을 느끼는 것들이 문해력 이슈로 떠오른 겁니다.

심심한 사과?

"심심한 사과를 드립니다."라는 표현이 사용되자 일부 네티즌들이 이를 '지루하고 따분하다.'라는 의미로 오해하여 논란이 되었습니다. 이는 '심심甚深하다.'가 '마음의 표현 정도가 매우 깊고 간절하다.'라는 의미임에도 불구하고 해석이 잘못되면서 생긴 문제였습니다. 한자 표현에 대한 이해가 부족해서 이런 일이 생긴 것이죠. 이는 문해력 중에서도 어휘에 대한 이해가 부족할 때 어떤 오해가 생기는지 보여 주는 예라고 할 수 있어요.

사흘은 3일? 4일?

'사흘 연휴'라는 말을 두고도 혼란이 있었어요. 일부 사람들이 사흘을 '4일 연휴'로 오해한 거예요. 사실 '사흘'은 우리말로 '3일'을 뜻하는 단어입니다. 요즘은 이런 순우리말을 잘 사용하지 않다 보니 익숙하지 않은 경우가 많아요. '시나브로(조금씩, 천천히)' 같은 단어도 마찬가지죠. 언어가 점점 단순화되면서 우리말 어휘를 잊어 가는 게 문해력 문제의 한 부분이 되고 있어요.

쉬운 말을 두고 왜 굳이 어렵게 써?

영화 '기생충'에 대한 한 평론에서 '명징', '직조' 같은 어려운 한자어가 사용되어 논란이 됐던 적이 있습니다. "왜 대중을 위한 글에 이렇게 어려운 단어를 쓰느냐?"라는 비판이 있었던 거죠. 평론가는 "이 단어들이 영화의 본질을 표현하는 데 가장 적합했기 때문"이라고 해명했지만, 이런 일은 어휘에 대한 이해 부족과 대중적인 표현의 간극을 보여 주는 사례로 볼 수 있어요. 이 문제는 평론가의 잘못 때문일까요? 아니면 독자의 어휘력 문제 때문일까요? 생각해 볼 만한 문제예요.

요즘 문해력이 특히 이슈가 되는 이유

흔히 상대를 놀리는 말로 "문해력 실화야?"라는 말을 할 정도로 예전에는 크게 신경 쓰지 않았던 문해력이 지금은 사회 전반에서 중요한 문제로 떠오르는 추세예요. 그만큼 문해력의 심각성이 우리 생활 전반에 체감될 정도라는 것이죠. 왜 그런 건지 이유를 살펴볼게요.

세대 간 소통의 어려움

문해력 수준이 낮아지면서 문자로 소통해야 하는 곳곳에서 어려움이 생기고 있어요. 특히 세대가 다른 사람들이 함께 일하거나 생활할 때 사용하는 언어가 달라 서로 오해가 생기기 쉽습니다.

예를 들어, 젊은 세대가 즐겨 쓰는 줄임말을 나이 드신 분들이 잘 이해하지 못하는 일이 많죠. '복세편살(복잡한 세상 편하게 살자.)' 같은 말을 들으면, 어른 세대는 이게 무슨 뜻인지 도통 감이 안 잡히는 거예요. 이런 세대 간의 언어 차이가 소통을 더 어렵게 만들고 있어요.

뉴스와 미디어의 문제

신문 기사나 텍스트를 기반으로 하는 매체에서 문해력 논란이 자주 불거집니다. 거의 전 세대가 마주하는 신문이나 뉴스에서 일부 세대에게는 익숙하지 않은 어휘가 나오는 거지요(사흘, 금일 등). 또 기사의 전체 맥락을 파악하고 읽지 못하면서 생기는 문제도 있어요. 정치·사회적인 갈등에서 지나치게 한쪽으로 치우친 관점으로 세상을 바라보는 사람들의 극단적인 주장이나 근거 없는 비난 역시 문해력 부족을 보여 주는 사례죠. 글을 제대로 이해하지 못하고, 자신의 감정만 앞세우다 보니 이런 일이 생기는 거지요.

스마트폰과 영상 문화

    스마트폰의 등장은 문해력에 큰 영향을 미쳤어요. 요즘은 사진이나 영상을 찍고 공유하는 게 너무나 쉬워요. 무엇보다 시각적인 자료가 직관적으로 이해되다 보니 굳이 글을 읽을 필요가 없어졌어요. 영상이나 사진은 그냥 딱 보면 바로 이해가 되기 때문에 굳이 글자를 읽고 해석하는 수고로움이 필요 없기도 하지요. 긴 글을 굳이 이해하려 애쓸 필요가 없다 보니 문해력에도 영향을 미치게 됩니다. 예를 들어, 새로운 기계나 가전제품, 드론 같은 물건을 사고 사용설명서를 읽기보다는 사용법 영상을 찾아보는 게 더 익숙하죠. 긴 글을 읽고 이해하려는 노력을 덜하다 보니, 자연스럽게 문해력을 키울 수 있는 기회가 줄어들고 있어요.

아이들에게 문해력이 중요한 이유

    우리 아이들에게 문해력은 왜 중요할까요? 문해력은 단순히 공부 영역뿐만 아니라 사회생활에서 반드시 필요한, 누구나 꼭 갖추어야 하는 영역이기 때문이에요. 모든 공부에 기본이 되는 것은 물론이고, 이를 바탕으로 어떠한 진로를 결정하더라도 문해력을 바탕으로 해야 사회생활을 무리 없이 해 나갈 수 있습니다.

모든 공부의 기초가 되는 능력

문해력은 학생들이 다양한 교과목을 배우고 이해하는 데 필수적인 기초 능력입니다. 모든 학교의 공부 자체가 글을 읽고 내용을 이해하는 과정으로 이루어지기에 문해력은 모든 학습의 가장 기초적이고 제일 중요한 능력입니다. 더구나 요즘은 평생 학습 시대잖아요. 평생에 걸쳐 꾸준히 공부하면서 세상을 살아가는 데 필요한 정보를 습득하기 위해서라도 문해력은 필수적인 능력이에요.

사회생활과 생존을 위한 필수 능력

문해력은 성인이 되어서도 보고서 및 기획안 작성 등의 업무를 해 나가는 데 필수적이에요. 나아가 사회생활에서 어떤 역할을 맡거나, 경제적으로 필요한 활동을 하거나, 그밖에 일상적인 생활을 하는 데도 중요한 역할을 해요. 문해력이 부족하면 학업, 직장, 일상 등 생활 전반에서 큰 불편함을 초래할 수 있습니다. 우리 아이들은 세상을 살아 나갈 문해력이라는 무기를 반드시 갖추어야겠지요?

왜 지금 문해력이 더 중요한가?

'사진이나 영상 정보로도 쉽게 일상생활이 가능한 디지털 시대에

군이 문해력을 키우기 위해 노력해야 하는가?' 하고 생각해 본 적이 있으신가요? 하지만 미래 시대에 문해력은 더욱 중요해지고 있어요. 이유를 살펴볼게요.

중요한 정보는 여전히 텍스트로 전달된다

공문서, 계약서, 업무상 오고 가는 이메일 같은 중요한 정보들은 여전히 텍스트로 작성됩니다. 이런 문서를 이해하지 못하면 사회생활에서 손해를 볼 수 있어요. 사회 각 분야에서는 여전히 텍스트로 정보를 공유, 처리, 보관하는 경우가 많습니다. 여기서 자주 사용되는 언어들은 그 의미를 정확히 전달하면서 효력을 발생시키기 때문에 문어체를 고수하는 경우가 많지요. 따라서 이러한 텍스트를 이해하지 못하면 사회에서 금전적 손실을 입거나, 손해를 입는 상황에 놓이는 경우를 맞닥뜨릴 수 있습니다. 과거에 글을 읽지 못해 어려움을 겪었던 일들이 지금도 형태만 바뀌었을 뿐 여전히 발생하고 있답니다. 디지털이 발달한 지금도 여전히 문해력이 곧 생활력이자 생존력인 거예요.

비대면 시대, 텍스트가 더 중요해졌다

코로나 이후 우리는 비대면 환경에서 문자를 더 많이 사용하게 되었어요. 업무 메일, 알림장 앱, 디지털상의 대화 등이 모두 텍스트로 이루어지죠. 저 역시 코로나 시기에 담임을 맡았을 때 학부모

및 아이들과 소통하는 알림장 애플리케이션 하이클래스, 클래스팅 등에 아주 세세하게 적어 올렸습니다. 아이들과 직접 만나서 소통을 하지 못하기 때문에 알림장 텍스트가 엄청 길어지고 자세해진 겁니다. 사진과 영상도 함께 첨부했지만 더 정확한 이해를 돕기 위해서라도 텍스트로 설명해야 하는 영역이 반드시 있게 마련이더군요. 이러한 상황은 앞으로 우리 일상에서도 꽤 자주 볼 수 있을 겁니다. 미래 사회에는 특히 비대면과 디지털 환경이 더욱 커질 것으로 보이니까요. 그럴수록 디지털 텍스트가 늘어날 것으로 예상되며, 이런 환경이 더 커질수록 문해력은 더욱 중요한 능력이 될 거예요.

AI 시대, 문해력이 더 중요해졌다

AI의 등장으로 문해력이 더욱 요구되는 시대가 되었습니다. 이제 AI와 챗GPT가 글도 대신 써 주고, 우리 아이의 궁금한 정보도 다 찾아서 요약해 주고, 심지어 숙제도 다 해 줄 것 같던데, 이렇게 편한 AI가 등장했는데도 왜 문해력은 더욱 필요해진 걸까요?

문해력에는 두 가지 차원이 있어요. 단순히 정보를 찾고 표면적인 내용을 이해하는 기능적 문해력이 있고, 좀 더 복잡한 차원의 맥락을 이해하거나 짐작하며 상황을 파악하는 고차원적 문해력이 있습니다. AI가 등장하기 시작하면서 단순한 정보 처리를 목적으로 하는 기능적 문해력은 이제 AI에게 맡길 수 있는 시대가 된 거예요. 하지만 그 이상이 필요할 때는 사람의 역할이 중요합니다. 아이들이 AI를 잘 활용하려면 단순히 AI에게 질문하는 데서 끝나지 않고, 어떤 질문을 할지 고민하고, AI의 답을 비판적으로 검토할 수 있는 능력이 필요해요. 그래서 우리 아이들 시대에는 단순한 차원이 아닌 복잡한 차원의 문해력을 필수로 갖춰야 하는 상황이 되었습니다. 즉 깊게 이해하고 의도를 명확하게 파악하는 능력이 중요해진 것이지요. AI가 제공한 답을 바탕으로 "왜 이런 답을 제공했을까?", "이 정보는 어디서 왔을까?"라고 질문하며 더 깊이 파고들 수 있어야 합니다. 이러한 능력을 갖추어야 AI에게 질문이나 명령을 제대로 내릴 수 있고, AI를 도구로 활용하여 단순 정보 처리를 능숙하게 위임할 수 있는 능력을 갖추게 될 거예요.

AI 시대에는 아이들이 AI를 도구로 현명하게 다룰 수 있는 능력을 길러야 해요. 그 기초는 바로 문해력에서 시작됩니다. 이제는 단순한 글 읽기가 아니라, 맥락을 이해하고 비판적으로 사고하는 고차원적 문해력을 키워 줄 때입니다.

진짜랑 가짜를 구별하려면 문해력이 필수다

요즘은 누구나 글을 쓰고, 방송을 할 수 있는 시대가 되었어요. 하지만 이로 인해 진짜 정보와 가짜 정보가 섞이는 문제도 생기고 있죠. 예를 들어, 최근 이슈가 된 딥페이크Deep Fake 사건은 사람들이 기술을 이용해 가짜 정보를 만들고 퍼뜨리면서 큰 논란이 됐어요.

이런 시대에는 진짜와 가짜를 구별할 수 있는 능력이 그 어느 때보다 중요합니다.

가짜 뉴스나 잘못된 정보가 퍼지는 일은 단순한 문제가 아닙니다. 이런 정보가 사람들에게 잘못된 판단을 하게 만들거나, 심지어 사회적 갈등을 키우는 경우도 많아요. 이제는 상황과 맥락을 파악하는, 즉 좀 더 고차원적인 문해력을 통한 비판적 사고력을 가져야 해요. 단순히 소통하는 능력뿐만 아니라 앞뒤 맥락과 분위기를 살피고 숨겨진 의도를 파악하는 능력이 중요해요. 글을 읽을 때도 단편적으로 해석하는 것이 아니라 앞뒤 글을 전반적으로 살펴 맥락을 읽고 숨겨진 의도를 짐작할 줄 알아야 합니다.

초등학생의 문해력은
어떻게 발달할까?

아이들의 문해력은 순차적으로 발달합니다. 그렇다면 초등학생들의 문해력은 어떤 단계를 거쳐 어떻게 발달하게 될까요? 아이들의 문해력 발달 단계를 학년별로 짚어 보고 이 시기에 필요한 문해력 교육은 어떤 게 있는지 살펴보겠습니다.

초등 1~2학년에 문해력의 기초가 시작된다

문해력은 한 번에 완성되는 것이 아니라 순차적인 단계를 거쳐 조금씩 점진적으로 발달합니다. 초등학교 입학 후 초기문해단계 (1~2학년)에서 시작하여 점차 기초문해단계(3~4학년), 기능문해단계(5~6학년)로 올라가요. 따라서 초기문해단계를 먼저 잘 다지고 갈 수 있도록 하는 것이 중요합니다.

[초등학생 시기의 문해력 발달 단계]

문해 단계	교육과정	필요한 문해력	해야 할 일
문해 전 단계	유아누리과정	음성언어와 기초적인 한글 노출	자연스러운 한글 노출 (유아 책 읽기, 글자놀이 등)
초기문해 단계	초등 1~2학년 국어교육과정	한글 떼기, 소리-문자-내용 연결	소리 내어 유창하게 읽기 글자 이해와 표현
기초문해 단계	초등 3~4학년 국어교육과정	어휘 확장, 핵심 단어 찾기, 학습 도구 활용	묵독, 의미 파악하며 읽기 (내용 짐작하며 읽기)
기능문해 단계	초등 5~6학년 국어교육과정	비판적 읽기, 의도 파악	고차원적 읽기와 해석적 읽기 (의도 파악하기, 비판하기)

이 시기에 아이들은 한글을 배우고, 문자와 소리를 연결하며, 글을 읽고 쓸 수 있는 기본기를 다져요. 부모님이 이 시기에 하실 수 있는 가장 큰 일은 '한글 떼기'를 명확히 돕는 것이에요. 어릴 때부터 들었던 음성언어를 문자로 바꾸는 중요한 시기이기 때문에 이 과정을 잘 다지는 게 중요해요.

문해 전 단계 → 초기문해단계 → 기초문해단계 → 기능문해단계

초기문해력이 초등 1~2학년에게 중요한 이유

초등 1~2학년 시기에 초기문해력을 잘 다져 기본적인 능력이 높은 아이들과, 그런 환경을 제공받지 못해 초기문해력이 다져지지 않은 아이를 비교해 보면 초기에는 눈에 띄게 다른 점을 모르고 지나갈 수 있지만 시간이 흐르고 고학년으로 갈수록 언어 수준의 격차가 크게 벌어집니다.

문해력을 잘 갖춘 아이
언어 능력이 풍족하게 발달하며 학습과 소통이 점점 더 쉬워집니다.
책을 쉽게 읽고 이해하며, 자신의 생각을 조리 있게 표현할 수 있어요.

문해력이 부족한 아이
시간이 갈수록 학습과 소통에서 큰 어려움을 겪습니다.
수업 내용을 이해하는 것이 점점 더 어려워지면서 학습에서 자신감을 잃게 돼요.

제가 3학년 때 담임을 맡았던 학생들 중 몇몇 아이들이 시간이 흘러 5학년이 되어 다시 만난 케이스가 있었는데요. 그중 현화라는 아이는 3학년 때 처음 만났을 때부터도 책을 즐겨 읽고 문해력이 뛰어나서 전반적인 이해가 빨랐었는데 5학년이 되고 나니 수업 전반에서 더욱 두각을 드러내더군요. 발표도 핵심만 추려서 간결하고 명확한 발표를 하고, 글로 표현하는 능력도 굉장히 뛰어났습니다. 반면 책을 가까이하지 않았던 세민이는 3학년 때 초기문해력이 부족하다는 진단평가 결과를 받았었고 이후 5학년 때 다시 만났을 때에도 학습 결손으로 어려움이 많았습니다. 세민이는 시간이 흐를수록 수업 내용이 어렵다며 힘들어했습니다. 무슨 말인지 이해를 잘 하지 못하여 수업 중에도 여러 번 설명을 해야만 이해했고, 스스로 해야 하는 과제에는 영 손을 대지 못했습니다. 뒤로 갈수록 학습 내용은 점점 어려워지는데 무슨 뜻인지 알 수 없어 답답하고 이로 인한 좌절감이 누적되더라고요. 속상하고 지친 마음에 다소 폭력적이고 반항적인 태도를 보이는 모습을 보니 안타까웠습니다.

이처럼 문해력은 초등 저학년 시기에 적절히 개입하지 않으면 시간이 갈수록 더 힘들어집니다. 초등 고학년으로 올라가면 더 복잡한 학습 내용을 다루기 때문에 문해력이 부족한 아이들을 지도하기가 훨씬 어려워져요.

문해력은 초등 1~2학년 시기에 탄탄히 다져야 고학년에서도 문제없이 이어질 수 있어요. 문해력 격차를 줄이기 위해서는 조기에 발견하고 적절히 도와주는 것이 중요합니다. 우리 아이가 문해력의 기초를 잘 다져서 학습과 소통에 자신감을 가질 수 있도록 지금부터 함께 노력해요!

문해력이 부족한 1~2학년은
학교에서 어떤 문제를 겪을까요?

문해력이 부족한 아이들은 학교생활에서 많은 어려움을 겪어요. 특히 선생님이나 친구들과의 의사소통에서 문제가 생기면 학습뿐 아니라 전반적인 학교생활에도 영향을 미치게 됩니다. 문해력이 부족한 아이들이 학교에서 겪는 어려움을 하나씩 살펴볼게요.

학교 적응의 어려움

학교에 입학하고 나면 유치원 때와는 다른 환경에 적응하기 위한 갖가지 노력을 해야 합니다. 유치원 때는 비교적 느슨했던 규칙들이 생겨나고 스스로 책임져야 할 영역이 생겨요. 선생님의 설명을 집중해서 잘 듣거나 교과서에 나와 있는 내용을 보고 이를 이해한 뒤 알맞게 수행하는 능력 등이 문해력에 들어간다고 볼 수 있어요.

이때 문해력이 형성되지 않은 아이들은 학교생활에 적응하는 게 쉽지 않습니다. 선생님의 말을 알아듣지 못하거나, 선생님이 칠판에 메모한 내용을 이해하지 못해 기본 물건 관리, 정리 정돈, 제시간 맞추기, 교과서 쪽수 펴기 등 모든 학교생활의 적응에 필요한 내용을 따라 하지 못하는 문제가 발생하는 것이지요. 지금 우리 교실에서 일어나는 상황을 예로 들어보겠습니다.

선생님 "여러분, 국어책 12쪽을 펴세요."

문해력이 부족한 아이들 책을 펴지 않고 가만히 선생님만 본다.

예시처럼 선생님 말을 제대로 이해하지 못하고 있다가 실물화상기로 12쪽을 보여 주면 그제서야 행동하는 경우가 있어요. 문해력이 부족한 아이는 수업 중 문제의 빈칸을 채우는 활동에서 스스로 답을 생각해 보지 않고 선생님이 모범답안을 보여 줄 때까지 기다리기도 합니다. 스스로 생각하고 해석하는 과정이 부족해서 그런 거지요.

문해력이 부족하면 이처럼 스스로 생각하지 않고 정해진 답만을 쫓는 모습을 보이기도 해요. 아이가 스스로 사고하고 행동으로 옮길 수 있도록 문해력을 키워 줘야겠지요?

학습의 어려움

문해력 부족은 학습의 여러 부분에서 나타납니다. 가장 먼저 드러나는 건 국어 시간이에요. 1학년 때는 한글을 떼는 게 목표인데, 문해력이 부족하면 글자를 읽고 쓰는 데도 시간이 걸리고, 유창하게 읽는 능력이 부족해져요.

수학 시간에서도 문제가 생깁니다. 숫자와 기호(+, -, =)처럼 언어와는 다른 형태의 문자를 이해해야 하는데, 문해력이 부족하면 기호의 의미를 이해하는 데 어려움을 느껴요. 특히 수학 문장제 문제를 풀 때 힘들어합니다. 요즘 교실에서 일어나는 상황을 예로 들어보겠습니다.

상황 1 · 국어 시간에 겪는 어려움

아이가 '사과'라는 글자를 보고도, 생활 속에서 본 과일 '사과'와 그 의미가 연결되지 않는 경우가 있어요. 읽기는 어느 정도 가능해도 글을 이해하고 활용하는 단계에서는 어려움을 겪기도 합니다.

상황 2 · 수학 시간에 겪는 어려움

"사과가 1개 있고 배가 2개 있습니다. 사과와 배는 모두 몇 개일까요?" 같은 문제를 제대로 이해하지 못해 손도 대지 못하는 경우가 있어요. 계산은 할 수 있어도 문제의 의미를 파악하지 못하는 겁니다.

온라인 수업에서는 문제가 더 커집니다. 비대면 상황에서는 글로 된 설명을 이해해야 하는데, 문해력이 부족한 아이들은 내용을 제대로 이해하고 따라가지 못해 학습 결손이 생길 가능성이 커요.

친구 관계의 어려움

초등학교 입학 후 중요한 과제 중 하나가 또래 관계를 형성하고 사회성을 키워 나가는 부분입니다. 하지만 문해력이 부족한 학생들은 또래 관계에서도 어려움이 있습니다. 친구들과 소통할 때 집중하고 아이들 간의 의사소통에 참여해야 하는데 그러지 못하는 과정에서 친구 간에 문제가 일어나기도 합니다. 함께 놀이나 게임을 즐기지 못하는 경우도 생깁니다. 규칙을 이해하고 소통하는 능력이 부족하다 보니 놀이에 끼지 못하는 것이지요. 지금 우리 교실에서 일어나는 상황을 예로 들어보겠습니다.

상황 1 **숨바꼭질 놀이를 하는 경우**

문해력이 높은 아이 '술래는 눈을 감고 10까지 세고, 다른 친구들은 숨는다.'라는 규칙을 바로 이해하고 놀이에 참여합니다.

문해력이 부족한 아이 '술래가 눈을 감는다.'라는 규칙을 잘 이해하지 못하고 눈을 뜬 채로 친구들을 따라가거나, 10까지 세는 대신 5까지만 세고 "다 찾았다!"라고 외칩니다. 이로 인해 친구들이 "너 왜 규칙 안 지켜?"라며 불만을 표현하고, 아이는 자신이 무엇을 잘못했는지 몰라 억울해하거나 속상해합니다.

상황 2 **다툼에서 자신의 입장을 제대로 표현하지 못하는 경우**

문해력이 높은 아이 "내가 블록을 먼저 들고 놀이를 시작했는데, 친구가 갑자기 와서 뺏었어요."라고 자신의 입장을 명확히 표현합니다.

문해력이 부족한 아이 "그냥 내가 먼저 했는데……"와 같은 방식으로 상황을 제대로 설명하지 못해 선생님이 여러 번 되물어야 합니다. 결국 선생님이 상황을 명확히 파악하지 못해 문제 해결이 늦어지고, 아이는 억울함을 느낀 나머지 울음을 터뜨릴 수 있어요.

상황 3 **친구들과의 대화에서 오해 발생**

문해력이 높은 아이 "네 간식도 맛있지만, 내 초콜릿이 더 달고 맛있는 것 같아!"라며 긍정적으로 표현합니다.

문해력이 부족한 아이 "네 건 좀 별로야."라고 짧게 말하며 상대방의 기분을 상하게 합니다. 이 말을 들은 친구는 "왜 내 거 무시해?"라고 반응하며 둘 사이에 갈등이 발생할 수 있어요.

상황 4 **모둠 활동 중 역할 분담의 어려움**

문해력이 높은 아이 "나는 그림을 그릴게. 너는 글을 쓰고, 다른 친구는 발표 준비를 하면 어때?"라고 구체적으로 제안합니다.

문해력이 부족한 아이 "나도 몰라……. 그냥 네가 해."라며 자신의 역할을 회피하거나 역할을 정확히 이해하지 못해 결과물이 미흡해집니다. 이로 인해 친구들이 불만을 갖거나, 활동에 제외되어 소외감을 느낄 수 있어요.

상황 5 **감정 표현의 부족으로 인한 오해**

문해력이 높은 아이 장난으로 친구의 팔을 잡아당겨 친구가 "아파." 하고 말하면 "미안해, 일부러 그런 건 아니야. 다음부터 조심할게."라고 바로 사과합니다.

문해력이 부족한 아이 사과 대신 "너 왜 그래?"라며 상황을 무마하려다 친구의 감정을 상하게 합니다. 친구가 화를 내면서 상황은 커지고, 아이는 왜 친구가 화를 내는지 이해하지 못한 채 당황하게 됩니다.

실제로 문해력이 부족한 아이는 학교생활에서 자기가 말하고 싶은 걸 제대로 표현하지 못하기 때문에 문제가 생겨요. 자신은 A라는 말을 하고 싶었는데, 엉뚱하게 B라고 말하는 거죠. 그런데 B라는 말이 상황에 맞지 않아서 선생님이나 친구들이 "이게 무슨 뜻이지?" 하고 헷갈리게 됩니다. 나중에 선생님이 그 친구와 대화를 나누고 자세히 물어보면, 사실은 A를 말하고 싶었던 거였다는 걸 알게 되는 거죠.

이런 경우 다른 사람이 알아들을 수 있게 정확하게 표현하는 능력이 필요해요. 이 능력이 바로 문해력인 거죠. 말을 할 때 상대방을 생각하며, 누구나 이해할 수 있는 방식으로 표현하려는 노력이 필요하거든요. 이런 과정을 통해 자연스럽게 상대방을 존중하는 태도도 배우게 됩니다. 결국 문해력을 기른다는 건 다른 사람과 소통할 때 서로 배려하며 표현하는 능력을 키우는 것이기도 해요.

내 아이가 문해력 부족으로 인한 어려움을 겪지 않고 상대를 배려하면서 생활할 수 있도록 하기 위해서라도 문해력을 길러 주기 위해 노력해야 해요.

3학년이 되기 전에 갖추어야 할 문해력

초등학교에 다니면서 아이들은 크게 두 번의 변화를 겪는데요. 첫 번째는 초등학교 입학, 두 번째는 바로 3학년 진급할 때입니다. 1~2학년 때는 주로 국어, 수학, 통합교과처럼 과목도 적고, 학습할 내용도 비교적 쉬운 생활 경험 중심으로 진행됐지만, 3학년부터는 확 달라집니다. 3학년이 되기 전에 갖추어야 할 문해력을 알아보겠습니다.

⌗ 3학년이 되면 달라지는 학습 환경

1. 배우는 과목이 늘어난다
도덕, 사회, 과학, 음악, 미술, 체육, 영어 같은 과목이 추가돼 교과서와 배우는 내용이 훨씬 많아져요.

2. 공부 시간이 길어진다
6교시가 처음 등장하면서 학교도 더 늦게 끝나요. 돌봄 교실도 없어지는 경우가 있어 방과 후 계획을 스스로 세워야 하는 아이들이 많아지지요.

3. 공부 내용이 더 어려워진다
1~2학년 때는 기본적인 읽기, 쓰기 정도만 익혔다면, 3학년부터는 더 깊이 있는 개념과 어려운 단어(어휘)를 배우기 시작합니다.

변화하는 학습 환경에 잘 적응하려면 1~2학년 때의 문해력, 즉 초기문해력이 단단히 자리 잡혀 있어야 해요. 좀 더 구체적으로 3학년에 올라가기 전 초기문해력을 왜 탄탄하게 잡아야 하는지 알아볼까요?

3학년 국어는 1~2학년 국어와 다르다

3학년 국어부터는 단순히 글자를 읽고 쓰는 것에서 벗어나, 글의 의미를 이해하고 활용하는 단계로 전환됩니다. 글씨 크기도 작아지고, 글의 분량(글밥)도 많아져요. 긴 글을 읽고 중심 내용을 파악하고, 중요한 정보를 간추리고, 글의 주제를 이해하는 활동이 시작됩니다. 중요한 내용을 요약하며 깊이 있게 읽는 활동이 많아지는 것이지요.

이런 활동을 하려면 글을 자유롭게 읽고 쓸 수 있는 초기문해력이 기본이 되어야 합니다. 문해력이 부족한 아이는 3학년이 되었을 때 긴 글을 읽는 것 자체가 힘들어서 중간에 포기하기도 합니다. 글을 쓰는 활동에서는 주제를 벗어난 내용을 쓰거나, 자신의 생각을 제대로 표현하지 못하는 경우도 생깁니다.

과목별로 배워야 할 내용이 늘어난다

3학년부터는 본격적으로 교과 내용을 깊이 있게 다루기 시작합니다. 사회, 과학, 음악, 미술, 체육 등 교과별 학습 내용이 생기지요. 그래서 이 시기부터 문해력은 학업 성취도와 직결되며 문해력

자체가 모든 과목에서 중요한 역할을 합니다.

수학

도형에서 직관적으로 '동그란 모양'을 찾는 수준에서 벗어나, '원', '원의 중심', '반지름', '지름' 같은 새로운 개념과 용어를 이해하고 적용해야 합니다. '분수', '소수' 같은 개념을 알고 문제를 풀어야 해요.

사회

"고장의 생활 모습은 기후와 환경에 따라 달라요." 같은 문장을 이해하고, 이를 생활과 연결해 생각해야 합니다. 또 자료를 조사하고 탐구하여 정리하고 발표하는 활동도 해내야 합니다.

과학

"물질을 고체, 액체, 기체로 분류해 보세요." 같은 활동에서 단어(물질, 고체, 액체, 기체, 분류 등)를 이해하고 활용해야 하지요. 또 순서를 알고 실험을 진행해야 해요.

체육

운동 경기의 복잡한 규칙을 이해하고 팀원들과 협력해야 해요. 예를 들어, '배구를 할 때 공을 네 번 치면 실점'이라는 규칙을 이해하고 경기에 임해야 해요.

3학년부터는 교과에 등장하는 어휘도 많아지고 스스로 이해하여 소화해야 하는 학습량도 많아지기 때문에 문해력의 기본기를 탄탄하게 다지는 것이 중요합니다. 초기문해력이 부족하면 3학년부터 시작되는 고학년 활동이 어려워 뒤로 갈수록 학습 결손이 누적될 수 있으니 주의해야 해요.

본격적인 독서 토론의 시작

3학년부터는 국어에서 '독서'라는 단원이 별도로 구성되어 있습니다. 이 독서 단원은 일명 '같은 책을 읽고 생각 나누기'입니다. 학교에서 본격적인 '독서 토론' 활동이 시작되는 겁니다. 이 단원에서는 친구들과 함께 같은 책을 읽습니다. 비교적 짧은 그림책을 읽을 때도 있지만 다소 글밥이 많은 책을 읽기도 하지요. 다소 긴 책이어도 함께 호흡하며 읽기 때문에 좀 더 인내심을 갖고 읽을 수 있다는 장점이 있어요. 또 같은 책을 읽었지만 서로의 다른 생각을 공유할 수 있어 독서를 통해 다양한 생각의 확장을 엿볼 수 있다는 점에서 매우 좋은 효과가 있습니다. 그래서 국어 교과 독서 단원에서 하는 활동이에요. 이런 활동에 참여하려면 글을 유창하게 읽고, 내용을 이해하며, 자신의 의견을 말할 수 있는 문해력이 뒷받침되어야 합니다.

1학년 국어 수업은
아이들이 한글을 읽고, 쓰고, 듣고, 말하는
기초적인 능력을 다지는 데 초점이 맞춰져 있습니다.
한글을 배우는 즐거움을 느낄 수 있게
격려해 주세요.

2장

초등 1학년
국어 교육은
어떻게 진행될까?

1학년 국어교육과정은 집에서 익숙하게 써 왔던 한글을 본격적인 학습으로 접근하며, 이를 놀이와 활동 중심으로 배울 수 있도록 수업이 구성됩니다. 너무 어렵거나 딱딱하게 느껴지지 않게, 친숙하고 재미있게 한글을 익힐 수 있는 다양한 방식으로 진행되지요.

초등 1학년 국어 수업은 아이들의 언어 감각을 깨우고, 생활 속에서 자연스럽게 한글을 활용할 수 있도록 돕는 데 중점을 둡니다. 본격적으로 1학년 국어교육은 어떻게 이루어지는지 알아볼까요?

1학년 국어,
첫 학기엔 뭘 배울까?

　1학년 1학기 국어 수업의 가장 중요한 목표는 뭐니 뭐니 해도 '한글 떼기'입니다. 한글을 떼는 것은 모든 학습의 기반이 되기 때문에 이 시기의 국어 수업은 한글을 떼기 위한 다양한 활동으로 구성됩니다. 특히 이 나이 아이들의 특성에 맞도록 구체적인 시각적 접근을 통해 직관적으로 한글을 눈에 익힐 수 있도록 다양한 자료를 활용하여 수업이 진행됩니다. 또 놀이 활동을 통해 한글을 친숙하게 받아들이고 학습 효과를 끌어올릴 수 있도록 해요.

　한글 떼기와 함께 아이들은 듣기, 말하기, 읽기, 쓰기의 기본기를 익히며 실제적인 의사소통 능력을 키웁니다. 한글을 생활 속 어디에서 찾아 쓸 수 있는지, 어떻게 적용하며 사용하는지 배워요. 그러면서 한글을 실제로 적절하게 사용하는 능력을 기르는 데 초점을 둡니다. 이를 통해 단순히 한글을 읽고 쓰는 것을 넘어서, 생활 속에서 한글을 활용하는 방법을 배우게 됩니다.

한글 떼기 수업 활동

- 그림과 글자가 함께 있는 자료를 활용해 아이들이 한글의 모양과 소리를 직관적으로 이해할 수 있도록 합니다.
- 재미있는 노래, 율동, 퍼즐 등 놀이 요소를 접목해 아이들이 한글을 자연스럽게 익힐 수 있도록 합니다.
- 한글이 일상에서 어떻게 쓰이는지, 어디에서 발견할 수 있는지 탐구하며 실생활과 연결된 학습을 진행합니다.

이 책을 통해 부모님들께 꼭 전하고 싶은 말이 있습니다. 7살 입학 전에 한글을 꼭 떼지 않아도 괜찮습니다. 많은 부모님이 1학년 입학 전까지 한글을 떼지 못한 것에 대해 걱정하시는 경우가 많습니다. 그러나 한글은 초등학교 1학년 1학기 동안 집중적으로 가르치므로 입학 전부터 완벽히 떼야 한다는 부담은 갖지 않으셔도 됩니다. 학교에서는 한글을 체계적으로 가르칠 준비가 되어 있어요. 입학 전까지 생활 속에서 한글을 접하고 익숙해지는 정도로 충분합니다. 오히려 아이는 준비되어 있지 않은데 너무 빨리 한글을 떼려 하면 역효과가 발생해요. 너무 조급해하지 않아도 괜찮습니다.

초등학교 1학년 1학기 국어 수업은 아이들에게 언어 학습의 첫 단추를 끼우는 중요한 시기입니다. 한글 떼기를 목표로 다양한 놀이와 활동을 통해 흥미롭게 학습하고, 한글을 일상에서 활용할 수 있는 기본기를 다지게 됩니다. 부모님들께서는 아이가 학교에서 자연스럽게 한글을 배우고, 점차 익혀 가는 과정을 믿고 지켜봐 주세요. 무엇보다 중요한 것은 아이가 한글을 배우는 즐거움을 느끼고, 자신감을 키울 수 있도록 응원하고 격려하는 것입니다.

1학년 1학기 국어 단원 구성

단원	단원학습 목표	소단원
준비단원. 한글 놀이	한글 놀이를 하며 글자 익히기	1. 글자 놀이 2. 모음자 놀이 3. 자음자 놀이
1. 글자를 만들어요	받침이 없는 글자 읽고 쓰기	1. 글자의 짜임 알기 2. 받침이 없는 글자 쓰고 읽기
2. 받침이 있는 글자를 읽어요	받침이 있는 글자 읽기	1. 받침이 있는 글자 읽기 2. 바른 자세로 말하고 듣기
3. 낱말과 친해져요	낱말을 읽고 쓰는 즐거움 알기	1. 받침이 있는 글자 쓰기 2. 여러 가지 낱말 읽기
4. 여러 가지 낱말을 익혀요	여러 가지 주제의 낱말 익히기	1. 나와 가족 2. 학교와 이웃

5. 반갑게 인사해요	친구들과 이야기 나누기	1. 다정하게 인사하기 2. 작품을 읽고 생각 나누기
6. 또박또박 읽어요	문장을 알맞게 소리 내어 읽기	1. 소리 내어 문장 읽기 2. 문장부호에 알맞게 띄어 읽기
7. 알맞은 낱말을 찾아요	문장에 어울리는 낱말 넣기	1. 그림에 알맞은 낱말 넣기 2. 여러 가지 문장 말하기

전반적인 단원명과 내용을 살펴보아도 1학기 전반부에서 한글을 놀이와 활동 위주로 접근하면서 한글을 집중적으로 떼고, 후반부로 갈수록 조금씩 확장하며 적용하는 내용으로 가고 있다는 걸 알 수 있어요.

준비단원. 한글 놀이

1. 글자 놀이
- 선 긋기, 색칠하기
- 모양이 같은 그림 찾기
- 글자 수의 개념 알기
- 같은 소리로 시작하는 낱말
- 끝말잇기

2. 모음자에 대해 알아보기

- ㅏ ㅑ 글자 알고 바르게 쓰기
- ㅓ ㅕ 글자 알고 바르게 쓰기
- ㅗ ㅛ 글자 알고 바르게 쓰기
- ㅜ ㅠ 글자 알고 바르게 쓰기
- ㅡ ㅣ 글자 알고 바르게 쓰기
- 모음자 만들기 놀이(몸으로 만들기, 도구로 만들기 등)
- 소리를 듣고 모음자 찾기
- 낱말을 듣고 알맞은 모음자 찾아 쓰기

3. 자음자에 대해 알아보기

- ㄱ ㅋ ㄲ 글자 알고 바르게 쓰기
- ㄴ ㄷ ㅌ ㄸ 글자 알고 바르게 쓰기
- ㄹ 글자 알고 바르게 쓰기
- ㅁ ㅂ ㅍ ㅃ 글자 알고 바르게 쓰기
- ㅅ ㅆ ㅈ ㅊ ㅉ 글자 알고 바르게 쓰기
- ㅇ ㅎ 글자 알고 바르게 쓰기
- 자음자 바르게 쓰기(뒤집힌 글자 오류 바로 잡기)
- 낱말에 들어간 자음자 찾기
- 낱말을 듣고 알맞은 자음자 찾아 쓰기
- 자음자 만들기 놀이(몸으로 만들기, 도구로 만들기 등)

준비단원에서는 한글을 다양한 놀이로 접근하면서 기본 자음과 모음을 익힙니다. 아이들이 생활 속에서 접해 왔던 한글에 대해, 이를 만든 원리를 탐색하며 공부할 수 있어서 이미 한글을 뗀 친구들도 새롭고 즐겁게 참여할 수 있어요.

제대로 읽기 시작

본격적으로 모음자와 자음자를 배우고 익히는 과정을 거칩니다. 먼저 모음자를 배우고 발음하고 쓰는 과정을 학습합니다. 모음자를 먼저 배우는 이유는 입 모양에 친숙한 모음자를 먼저 배워야 다음에 배우는 자음자 공부 때 모음과 자연스럽게 연결하여 붙이고 발음할 수 있기 때문입니다. 또 모음이 자음보다 배울 양이 더 적어서 아이들이 좀 더 쉽게 느끼기도 하고요. '아야어여'부터 배워야 '가갸거겨'를 쉽게 할 수 있겠지요?

모음을 배우고 나면 다음으로 자음자를 공부합니다. 혹시 우리 어렸을 때 한글 자음 공부하던 방식 혹시 기억나시나요? "가나다라마바사~, 아자차카타파하~" 이런 식으로 입으로 읊었습니다. 예전에는 이렇게 자음을 그저 나열된 순서대로 외거나 읊는 방식이었다면 지금은 그렇게 가르치지 않습니다. 비슷한 발음이 나는 자음끼리 묶어서 가르치는데 이는 세종대왕께서 한글을 만든 원리에 기반한다고 해요.

예를 들어, ㄱ[그]은 발음을 할 때 혀가 입안에서 만들어지는 모양이 ㄱ자 모양과 비슷해서 만들어졌고, 여기에서 입에 바람이 살짝 나올 정도로 센소리가 들어가면 ㅋ[크] 발음이 나게 되며, 목과 뺨에 힘을 주며 발음을 하게 되면 ㄲ[끄] 하는 소리가 나게 됩니다.

그러면 이 세 자음을 ㄱ 가족이라고 묶어서 ㄱ, ㅋ, ㄲ를 같이 가르치는 겁니다. 입안의 모양은 비슷하지만 바람의 세기나 입안의 힘 조절에 따라 달라지는 발음의 차이를 비교하는 거지요. 이런 식으로 비슷한 자음 가족을 다음과 같이 묶어서 가르칩니다.

자음 가족	발음	예
ㄱ 자음 가족	ㄱ[그], ㅋ[크], ㄲ[끄]	그네, 크다, 끄다
ㄴ 자음 가족	ㄴ[느], ㄷ[드], ㅌ[트], ㄸ[뜨]	나비, 다리미, 타조, 띠
ㄹ 자음 가족	ㄹ[르]	라디오
ㅁ 자음 가족	ㅁ[므], ㅂ[브], ㅍ[프], ㅃ[쁘]	마녀, 바다, 파도, 빠르다
ㅅ 자음 가족	ㅅ[스], ㅆ[쓰], ㅈ[즈], ㅊ[츠], ㅉ[쯔]	사자, 쓰레기, 자라, 치즈, 찌꺼기
ㅇ 자음 가족	ㅇ[으], ㅎ[흐]	아기, 하마

제대로 쓰기 시작

한글의 모음과 자음을 배우면서 동시에 쓰기 연습도 시작합니다. 이때 한글의 획순에 맞게 쓸 수 있도록 활동하는 기회를 주고, 획순이 잘못되었을 경우 이를 바로잡기 위해 다양한 노력을 하게 됩니다. 글자 칸에 알맞은 크기와 순서로 한글을 바르게 쓸 수 있도록 처음으로 쓰기의 원리와 원칙을 배우게 되는 시기입니다.

학부모님 중에 한글 쓰기 획순을 꼭 가르치지 않아도 된다고 생각하는 학부모님들이 종종 계십니다. 획순의 원칙을 꼭 가르치기보다는 아이들이 한글 학습에 부담을 갖지 않고 즐겁게 접근하는 것이 더 중요하기 때문에 글씨를 획순 원칙에 맞게 쓰도록 가르치는 것이 학생들에게 자칫 부담이 될까 봐 염려되셨던 거지요. 획순을 잘 지키는 게 굳이 필요하진 않은 것 같다고 생각하시기도 하고요. 하지만 한글 획순이 중요한 이유는 이 한글 쓰는 순서 자체가 한글이 조합되어 글자를 만드는 원칙과 똑같이 이루어져 있기 때문이에요(왼쪽에서 오른쪽으로 조합, 또는 위에서 아래로의 조합).

우리나라 한글의 획순에는 왼쪽에서 오른쪽(→), 위에서 아래(↓)로 쓴다는 원칙이 있습니다. 실제로 한글을 조합할 때에도 '왼쪽에 자음+오른쪽에 모음'이 붙거나 혹은 '위쪽에 자음+아래쪽에 모음'이 붙는 순서로 이루어지잖아요. 긴 글을 쓸 때도 글자가 왼쪽에서 시작되어 오른쪽으로 붙여 가며 글자가 이어지고, 한 줄이 꽉 차면 아래로 내려가서 또 왼쪽에서부터 오른쪽으로 글자를 채워 나갑니다. 이렇게 한글에는 왼쪽에서 오른쪽(→), 위에서 아래(↓)로 이어진다는 대원칙이 있어요. 한글을 쓸 때도 마찬가지로 이 원칙이 적용됩니다.

놀이 중심의 한글 쓰기 경험도 필요합니다. 하지만 자유롭고 즐겁게 써 보는 경험을 갖게 하는 데만 치우쳐 정확한 획순 법칙에 따라 쓰는 연습을 소홀히 하면 안 돼요. 획순이 잘 지켜지지 않은 채로 고학년에 올라가면 이미 익숙해진 습관을 고치기가 정말 쉽지 않더라고요. 그래서 초등 저학년 시기에 획순에 따라 쓰는 연습이 필요하고 이것이 잘 숙달될 수 있도록 해야 합니다.

한글 자음 획순

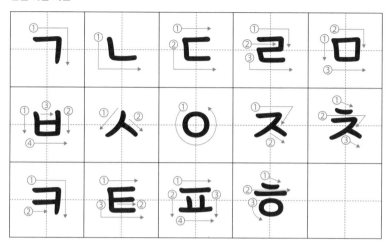

한글 모음 획순

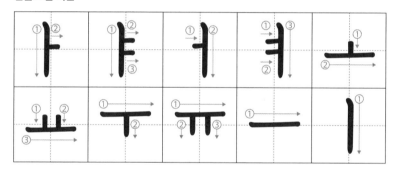

한글 단어 쓰는 순서 (1)

한글 단어 쓰는 순서 (2)

한글은 아이의 속도에 맞춰 준비하라

준비단원은 아이마다 한글을 학습하는 속도가 달라 반 아이들의 학습 속도에 맞춰 수업 난이도를 조절하면서 진행합니다. 한글 학습 속도가 빠른 친구들은 자신이 알고 있는 내용을 교실 내 다양한 활동과 놀이를 통해 확인하고, 정확하고 세밀하게 다듬어지지 않은 부분을 교정해 나가도록 수업하고요. 속도가 느린 아이들에게는 집중적으로 한글을 뗄 수 있도록 공부하는 시간으로 채워 나갑니다.

집에서 아이에게 한글을 떼지 못한다고 다그치거나 부담을 줄 필요는 없습니다. 하지만 평소에 가정에서 아이가 책과 언어가 풍부한 환경에 노출되도록 하는 노력은 필요합니다. 아이가 생활 속에서 언어를 잘 접하도록 해 주어야 학교에 와서 이 준비단원을 잘 흡수하고 배워 나갈 수 있거든요. 한글 학습을 미리 선행하고 오는 것이 아니라 매일 조금씩 책을 읽어 주고 함께 읽는 활동을 추천합니다. 매일 잠자기 전 15분 아이가 좋아하는 책을 읽어 주는 것으로 시작해 보세요. 아이가 자연스럽게 한글을 익힐 수 있는 좋은 방법이 될 것입니다.

책 읽기가 습관이 되면 아이는 한글에 대한 흥미를 자연스럽게 키워 나갑니다. 부담없이 한글을 접하며 듣고 말하는 경험이니 쌓이면 학교에서의 학습도 한층 수월해져요. 중요한 것은 아이의 속도에 맞춰 즐겁게 배울 수 있도록 돕는 부모의 따뜻한 관심입니다.

1단원. 글자를 만들어요

1. 글자의 짜임 알기
- 자음자와 모음자 합쳐 받침 없는 글자 만들기
- 왼쪽에 자음+오른쪽에 모음
- 위쪽에 자음+아래쪽에 모음

2. 받침이 없는 글자 읽고 쓰기
- **예** 거미, 다리미, 우주, 고구마 등

3. 여러 가지 모음자 배우기
- ㅐ ㅔ, ㅒ ㅖ, ㅘ ㅙ ㅚ, ㅝ ㅞ ㅟ, ㅢ

준비단원에서 기본 자음과 모음을 알았으니 이제 1단원부터는 본격적으로 둘을 합쳐서 글자를 만드는 내용을 배웁니다. 자음과 모음이 합쳐서 글자가 만들어지는 것을 경험하고 배우는 단원이에요. 'ㅏ, ㅑ, ㅓ, ㅕ, ㅣ'와 같이 왼쪽에 자음이 오고 오른쪽에 모음이 와서 만들어지는 글자와 'ㅗ, ㅛ, ㅜ, ㅠ, ㅡ'처럼 위쪽에 자음이 오고 아래에 모음을 붙여서 만드는 두 가지 상황에 따라 글자를 합쳐 봅니다.

왼쪽 자음+오른쪽 모음 거미, 다리미

위쪽 자음+아랫쪽 모음 구두, 우주

두 가지 혼합 고구마, 치즈

이런 식으로 만들어진 글자를 자연스럽게 읽을 수 있도록 공부해요. 예를 들어, 자음의 ㄱ[그] 와 모음의 ㅏ[아] 소리가 합쳐지면 [그]+[아]가 되는데, 이것을 빠르게 합치면 [가]로 발음이 된다는 소리 합가의 원리를 배우는 겁니다. 이게 원활하게 잘 되면 두 개의 기본 모음자가 합쳐져서 만든 이중 모음(ㅐ, ㅔ/ ㅒ, ㅖ/ ㅘ, ㅙ, ㅚ/ ㅝ, ㅞ, ㅟ/ ㅢ)도 배우면서 한 단계 더 나아갑니다. 간단한 맛보기 활동을 소개해 볼게요.

○ 다음은 입학 직후에 해 볼 수 있는 미니 테스트입니다.
글자들을 잘 읽을 수 있나요?

오이	우유	구두	야구	벼
사자	이야기	코끼리	베개	의사

2단원. 받침이 있는 글자를 읽어요

2단원에서는 받침이 있는 글자를 만들어 보고 쓰는 활동입니다. 받침도 비슷한 소리가 나는 것들끼리 받침 가족으로 묶어서 가르치면 더 효율적인데요. 특히 받침은 철자는 다르지만 발음은 같게 나는 경우가 있어서 같은 받침 가족끼리는 같은 받침소리가 난다는 것을 확인할 수 있어요.

1. 받침이 있는 글자 읽기

- ㄱ, ㅋ 받침 낱말 읽고 쓰기
- ㄴ 받침 낱말 읽고 쓰기
- ㄷ, ㅅ, ㅈ, ㅊ, ㅌ, ㅎ 받침 낱말 읽고 쓰기
- ㄹ 받침 낱말 읽고 쓰기
- ㅁ 받침 낱말 읽고 쓰기
- ㅂ, ㅍ 받침 낱말 읽고 쓰기
- ㅇ 받침 낱말 읽고 쓰기

2. 바른 자세로 말하고 듣기

- 내 이름 쓰고 자기소개하기
- 다른 사람의 말에 집중하며 듣기

받침이 있는 글자까지 익혔다면 이제 이를 활용하여 여러 사람 앞에서 발표하는 기회를 가져 봅니다.

받침 가족	발음	예
ㄱ 받침 가족	ㄱ[윽], ㅋ[윽], ㄲ[윽]	가족[가족], 부엌[부억], 낚시[낙시]
ㄴ 받침 가족	ㄴ[은]	끈[끈]
ㄷ 받침 가족	ㄷ[읃], ㅅ[읃], ㅆ[읃], ㅈ[읃], ㅊ[읃], ㅎ[읃]	숟가락[숟가락], 빗[빋], 곶감[곧깜], 꽃[꼳]
ㄹ 받침 가족	ㄹ[을]	길[길]
ㅁ 받침 가족	ㅁ[음]	섬[섬]
ㅂ 받침 가족	ㅂ[읍], ㅍ[읍]	입[입], 잎[입]
ㅇ 받침 가족	ㅇ[응]	창[창]

일단 제일 쉽게 접근할 수 있는 자기소개부터 시작합니다. 내 이름, 좋아하는 음식, 잘하는 것을 아는 단어로 적어 본 뒤 이를 친구들 앞에서 또박또박 발음하며 발표해요. 받침 글자까지 배웠으니 스스로 사용해 볼 수 있는 단어들이 꽤 많아져서 이런 활동이 어렵지 않습니다. 가족들과 해 볼 수 있는 맛보기 활동을 소개할게요.

○ 내 이름을 써 보세요. _____

○ 내가 좋아하는 음식을 써 보세요.

_____

○ 내가 잘하는 것을 써 보세요.

_____

쓰기 활동은 출력해서 써 볼 수 있습니다. QR 코드를 확인하세요.

3단원. 낱말과 친해져요

1. 받침이 있는 글자 쓰기
- 글자의 짜임을 생각하며 받침이 있는 글자 쓰기
- 받침이 있는 글자 바르게 쓰기

2. 여러 가지 낱말 읽기
- 여러 가지 자음자 알기
- 자신 있게 낱말 읽기

3단원부터는 지금까지 익힌 한글 원리를 바탕으로 실생활에서 사용하는 다양한 어휘를 접하게 되면서 학생들의 어휘를 확장시키는 단원입니다. 받침까지 공부를 했으니 이제 주변에서 살펴볼 수 있는 것들을 글자로 명확하게 쓰고 읽어 보는 활동이에요. 어떻게 보면 지금까지 쭉 해 왔던 한글 떼기 공부가 잘되었는지, 생활 속에서 적용하고 한글을 잘 쓸 수 있는지 테스트해 보는 단원이 되겠네요. 한글을 쉽고 재미있게 배울 수 있는 맛보기 활동을 소개해 볼게요.

○ 생각나는 간식 이름을 써 보세요.

예 초코파이, 젤리 등

_____

○ 동네에서 지나가다 본 간판 이름을 써 보세요.

_____

·TIP·

한글을 재미있게 배우는 여러 가지 방법
- 받침이 사라지거나 잘못 쓰인 글자를 보고 오류 바로잡기
- 빈칸에 알맞은 글자를 찾아 넣어 낱말 완성하기
- 간단한 시나 동요 가사를 읽고 받침이 있는 낱말 바르게 읽고 써 보기
- 시에서 나오는 상황과 비슷한 경험을 나눠 보거나 그때의 기분 말해 보기
- 글자를 보고 시를 따라 읽어 보면서 낭송해 보기

4단원. 여러 가지 낱말을 익혀요

4단원 역시 3단원과 마찬가지로 알고 있는 단어를 익히고 어휘를 확장하는 단원입니다. 단순히 문자를 아는 것뿐만 아니라 단어의 의미를 파악해요. 특히 통합교과 단원에서 배우는 내용들과(나, 학교, 가족, 이웃) 우리가 열심히 공부하고 있는 한글 떼기를 합쳐서 공부해 가는 과정이라고 생각하시면 돼요.

1. 주제어와 관련된 낱말 익히기(나, 가족)
- 나와 가족에 관련된 낱말 익히기
- 나와 가족에 관련된 이야기를 듣고 낱말 읽고 쓰기

2. 주제어와 관련된 낱말 익히기(학교, 이웃)
- 학교와 이웃에 관련된 낱말 익히기
- 학교와 이웃에 관련된 이야기를 듣고 낱말 읽고 쓰기

이 단원에서부터 본격적인 어휘 확장이 일어납니다. 이제 글자를 의미와 연결 짓는 과정이 시작되는 거예요. 단어들이 가지는 의미를 연결 지어 보면서 뜻을 유추하고 이해하는 과정에 포함되어 있습니다. 예를 들어, 몸과 관련된 낱말에는 손, 발, 머리, 눈 등이 있다는 것을 알려 주어 상위 개념과 하위 개념의 단어도 직관적으로 이해할 수 있도록 하지요. 한글을 재미있게 배울 수 있는 맛보

기 활동을 소개해 볼게요.

○ '음식'에 해당되는 말은 어떤 것들이 있을까요?

예 밥, 국, 과일, 반찬, 음료 등

5단원. 반갑게 인사해요

5단원은 살짝 쉬어 가는 단원입니다. 친구들과 소통하고 이야기를 나누는 방법을 배우지요. 의사소통을 어떻게 해야 하는지 공부합니다.

1. 다정하게 인사하기
- 알맞은 인사말 알기
- 상황에 알맞은 인사말 하기

2. 작품을 읽고 생각 나누기
- 동시를 듣고 따라 읽기
- 낱말 바르게 읽기

다양한 상황에 어울리는 인사말과 일상적인 소통 경험을 나누는 등 문장 단위로 진행되어도 실생활에서 자주 사용하는 언어이기 때문에 공부하는 면에서 어려움이 없습니다. 상황에 알맞은 인사말 하기, 낱말 바르게 읽기 등을 실제로 해 보면서 몸으로 익히는 단원입니다.

6단원. 또박또박 읽어요

6단원부터는 이제 낱말 단위뿐만 아니라 문장을 배우는 단위로 넘어가게 됩니다. 주어부와 서술어부 같은 단어를 배우지는 않지만 눈으로 발견할 수 있게 하고 '무엇이 무엇무엇하다.' 하는 식의 형태가 있음을 인식하는 단원이에요.

1. 소리 내어 문장 읽기
- 여러 가지 문장 읽기
- 문장의 뜻을 생각하며 읽기

2. 문장부호에 알맞게 띄어 읽기
- 문장부호의 쓰임 알기
- 자연스럽게 문장 읽기

그리고 이를 바탕으로 문장을 바르게 띄어 읽는 활동이 진행됩니다. 문장을 띄어 읽지 않아서 의미 전달에 오류가 생기지 않도록, 띄어 읽는 데 유의하며 문장을 소리 내어 읽는 연습을 합니다. 또 기본 문장부호 '4총사(. , ? !)'의 뜻과 쓰임에 대해서도 간단하게 공부합니다. 한글을 재미있게 배울 수 있는 맛보기 활동을 소개해 볼게요.

○ 물음표(?)가 들어가도록 문장을 만들어서 말해 볼까요?

_____

_____

○ 느낌표(!)가 들어가도록 문장을 만들어서 말해 볼까요?

_____

_____

7단원. 알맞은 낱말을 찾아요

7단원에서는 본격적으로 문장을 만들어 완성하는 활동을 합니다. 주어진 모습이나 여러 가지 힌트를 보고 '무엇이, 무엇을, 무엇 합니다.' 등의 형태로 만들 수 있도록 합니다. 이를 통해 문장의 구조를 자연스럽게 익히고, 자신의 생각을 문장으로 표현하는 능력을 기릅니다.

이전 단원과 마찬가지로 다양한 동화나 시 같은 작품들 속에서 어휘 확장을 할 수 있도록 단어의 의미를 배워 나갑니다. 그림을 보고 알맞은 낱말을 넣어 보거나 문장으로 말하는 활동을 통해 그동안 배운 국어를 어떻게 활용하는지 경험합니다.

○ 그림을 보고 알맞은 문장을 완성해 볼까요?

이미지 출처
『행복한 아기 수달』

_____

_____

(정답) 아기 수달들이 수영을 합니다.

1학년 1학기
국어 수업의 효과

　지금까지 단원별로 세세하게 우리 아이가 어떤 내용을 공부하는지 알아봤어요. 우리 아이들이 생활 속에서 어렴풋이 접해 봤던 한글을 이제 본격적인 공부를 통해 그 원리를 이해하고 익히며 한글을 자연스럽게 터득할 때까지 열심히 공부하는 아이들의 모습이 기특합니다. 1학년 1학기 국어 수업 시간 동안 우리 아이들은, 향후 모든 공부에 바탕이 됨은 물론이고 세상을 바라보고 소통하는 중요한 도구가 될 모국어를 제대로 공부하면서 문해력의 가장 중요한 초기 단계를 지나게 됩니다.

　학교에서 한글 공부가 진행되었을 때 특히 좋은 점은, 또래 아이들의 국어공부를 보고 함께 자극받으며 공부할 수 있다는 점이에요. 다른 친구들이 발음하는 입 모양을 서로 확인할 수 있고, 단어를 많이 아는 친구, 발음을 정확하게 잘하는 친구, 글자 게임에서 두각을 드러내는 친구, 글씨를 예쁘게 잘 쓰는 친구들 등 여러 아이들과 함께 한글을 공부하기 때문에 공부에 큰 자극을 받습니다. 나도 친구처럼 잘하고 싶은 마음이 들기도 하고요. 친구가 국어를 사용하는 모습을 보고 배우는 부분도 상당히 많습니다.

한글을 떼는 속도가 다소 빠른 아이들은 자신감 있는 모습으로 발표를 잘하기 때문에 입학 초기부터 학교생활에 원만하게 적응한다는 장점이 있습니다. 이미 한글을 다 안다고 수업을 지루해하지는 않습니다. 자신이 알고 있던 한글과 글자들이 만들어진 원리를 탐색하며 깊이 있게 학습하며 접근하는 과정을 굉장히 즐거워합니다.

"아, 내가 아는 글자가 이렇게 해서 만들어진 거였구나!"라고 하면서 신기해하더라고요. 또 다양한 한글 게임이나 활동에 리더처럼 참여하면서 적극적으로 활동을 이끌어 갈 수도 있어 한글을 아주 재미있게 공부하게 됩니다.

한글을 떼는 속도가 느린 친구들도 걱정할 필요 없습니다. 교실에서 친구가 하는 모습을 보면서 같이 배우는, 이른바 또래 학습이 일어나기 때문입니다. 또 수업 시간에 하는 즐거운 놀이와 활동을 통해서 한글을 배우기 때문에 나도 모르는 사이에 한글 공부가 즐겁게 이루어집니다. 그래서 아이들이 입학하기 전보다 초등학교 입학하고 난 후에 굉장히 **빠른** 속도로 한글을 흡수할 수 있습니다.

이제 좀 더 구체적으로 학교에서의 1학년 1학기 국어 수업을 통해 우리 아이들이 어떤 능력을 키우고 초기문해력을 키워 나가게 되는지 살펴볼게요.

정확한 발음으로 읽을 수 있다!

이 시기의 가장 중요한 미션은 한글 떼기라고 말씀드린 바 있습니다. 이 과정을 통해 아이들은 한글 자음과 모음을 배우고 글자를 명확히 읽을 수 있는 능력을 기를 수 있습니다. 자음과 모음과 받침을 합하여 글자를 어떻게 만드는지 배우고, 이것이 어떻게 발음되는지 집중적으로 배우면서 한글 떼기의 과정을 마스터해 나가는 것이지요. 글자-소리의 연결을 정확하게 배우면서 아이들은 이제 세상에 등장하는 수많은 글자를 소리 내어 발음할 수 있습니다.

바르게 쓰기를 본격적으로 시작한다

이 시기에 바른 자세로 연필을 잡고 글씨를 쓰는 활동을 시작합니다. 이때 한글 쓰기에는 획순이 있고 이에 맞게 글씨를 써야 효율적이라는 것을 배우게 됩니다. 보조선이 있는 글자 칸 안에 알맞은 크기와 순서로 바르게 글씨를 쓸 수 있도록 가르치고 아이들은 쓰기 학습을 하면서 글씨 쓰기를 익히게 됩니다. 기본 자모 조합의 글자 쓰기부터 시작해서 받침이 있는 글자 쓰기, 자신이 알고 있는 단어를 써 보기도 하고, 점차 나아가 간단한 문장을 쓰는 연습을 합니다. 후반부에는 문장부호 쓰는 법도 배우고요. 이렇게 기본 쓰기가 원활하게 이루어지도록 합니다.

말하고 듣는 기본 의사소통 능력을 키운다

의사소통을 원활하게 이루어지도록 하는 것은 문해력 활동의 핵심입니다. 학교에서 선생님이나 친구의 이야기를 듣고 발표하는 기회를 가짐으로써 본격적인 의사소통이 시작됩니다. 학교 내 일상생활 속에서의 의사소통은 물론이고 국어 시간에 다양한 수업들을 통해서도 의사소통이 수시로 이루어지는 것이지요. 시나 그림책을 함께 읽고 그에 대한 의견이나 감상을 말하는 시간을 가지기도 하고, 개인 발표 활동은 물론 소그룹 대화도 진행하면서 다양한 방식의 듣기와 말하기를 통한 의사소통이 이루어지기도 합니다. 이런 방식으로 초기문해력 단계에서 습득해야 할 의사소통 능력을 키웁니다.

어휘의 개념을 이해한다

　주제별로 새로운 단어를 배우고, 그 의미를 이해하며 생활 속에 적용하는 활동을 합니다. 내가 현재 배우고 익히는 이 한글 글자들이 생활 속에서 어떤 의미를 담고 있는지 연결시켜 나가는 활동이지요. 이는 주로 주변에서 찾아볼 수 있는 다양한 개념들을 가지고 시작합니다. 아이들은 발달 단계상 자기중심적인 세계관을 가지고 있기 때문에 내가 직접 겪은 일이거나 내 주변에서 찾아볼 수 있는, 즉 나를 중심으로 둘러싼 세계에서 탐색하는 것부터 시작하며 공부를 해 나가야 합니다. 이 시기의 어휘들 역시 아이를 중심으로, 아이에게 익숙한 의미들을 담고 있는 단어여야 하지요. 나, 학교, 가족과 같은 주제를 가진 단어들부터 탐색하는 이유가 바로 이것입니다.

　이 단어들을 주제로 탐색하다 보면 자연스럽게 어휘들의 상위개념과 하위개념을 깨닫게 됩니다. 이렇게 어휘를 확장하면서 알게 되는 어휘가 많아지면 아이의 문해력을 높이는 좋은 재료들이 머릿속에 많아져서 세상을 이해하는 시야가 확 트이는 것이지요.

언어를 이해하고 삶에 적용하기 시작한다

문해력 초기 단계이긴 하지만 문학적 경험을 통해 언어의 세계를 이해하고 삶에 적용하는 공부도 시작합니다. 아이들은 짧은 시나 이야기를 읽고 내용에 대해 탐색하며 소통하는 활동을 통해 언어 이해력을 키우기 시작해요. 작품들을 접하는 경험과 더불어 간단하게 이야기의 주제와 교훈에 대해 이야기를 나눕니다. 1학년이지만 고차원적 문해력을 키우기 위한 활동도 병행하는 것이지요. 실제로 단순 기능적 문해력보다 더 중요한 문해력이 고차원 문해력이라고 1장에서 설명드렸지요? 문학적 경험과 언어의 이해 및 적용 활동을 통해 고차원적 문해력을 올리기 위한 활동도 저학년 시기 초기문해력 단계에서 함께 해 나가게 됩니다.

문장의 구성을 눈으로 익힌다

문장이 어떻게 생겼는지 그 구조를 눈으로 탐색하고 이를 활용하여 간단하게 문장을 만들어 보는 연습을 하는 과정을 통해 문장에 익숙해지는 활동을 합니다. (무엇이)+(무엇이다) 혹은 (무엇은)+(무엇을)+(어찌하다) 등과 같이 문장을 구성 기본을 익히는 거지요. 이를 통해 한글을 뗌과 동시에 자신이 표현하고 싶은 내용을 언어로 표현할 수 있는 토대를 마련합니다. 문장 구성이 친숙하게 느껴지도록 해 두어 향후 문장을 이해하는 능력과 문장으로 표현하는 능력을 키우는 데 도움을 줍니다.

1학년 국어,
2학기엔 뭘 배울까?

　여름방학이 지나고 이제 2학기가 시작되었습니다. 2학기 때는 1학기에 비해 좀 더 심도 있는 국어 수업이 이루어지겠지요? 이제 한글도 어느 정도 떼었으니 본격적으로 한글을 생활 속에 활용하면서 어떻게 쓰이는지 좀 더 세밀하게 배우는 단계에 들어가게 됩니다. 아직 한글을 떼지 못한 친구들이 있는지 발견하고 보충학습을 할 수도 있고, 실제 상황 속에서 한글을 적용하여 자신의 생각을 언어로 표현하고 소통하는 법을 익히기도 합니다.

　1학년 2학기부터는 국어 수업이 어떻게 이루어지는지 알아볼까요?

1학년 2학기 국어 단원 구성

단원	단원학습 목표	소단원
1. 기분을 말해요	듣는 사람을 생각하며 자신의 마음 표현하기	1. 흉내 내는 말을 넣어 문장 만들기 2. 자신의 기분을 말로 표현하기
2. 낱말을 정확하게 읽어요	낱말을 정확하게 읽고, 글에서 글쓴이가 하고 싶은 말 찾기	1. 받침이 있는 낱말 바르게 읽고 쓰기 2. 글을 읽고 글쓴이가 하고 싶은 말 찾기
3. 그림일기를 써요	경험한 일을 발표하고 그림일기로 표현해 보기	1. 자신의 경험을 바른 자세로 발표하기 2. 경험한 일을 그림일기로 나타내기
4. 감동을 나누어요	일이 일어난 차례를 알고 느낀 점을 나누기	1. 이야기를 듣거나 읽고 일의 차례 정리하기 2. 만화영화를 보고 생각이나 느낌 나누기
5. 생각을 키워요	글자와 책에 흥미 갖기	1. 한글에 관심 가지기 2. 책에 관심 가지기
6. 문장을 읽고 써요	생각을 문장으로 표현하고 자연스럽게 읽기	1. 생각을 문장으로 표현하기 2. 정확하게 쓰고 자연스럽게 읽기
7. 무엇이 중요할까요	무엇을 설명하는지 생각하며 글을 읽고, 겪은 일을 글로 쓰기	1. 주요 내용 이해하기 2. 겪은 일 쓰기
8. 느끼고 표현해요	장면을 상상하며 읽고 느낌 나누기	1. 인물을 상상하며 작품 감상하기 2. 작품에 대한 생각이나 느낌 나누기

전체 구성을 보면 한글을 생활 속에서 다양하게 활용하는 것에 중점을 두었음을 알 수 있어요. 여러 상황 속에서 언어를 어떻게 사용할 것인지 탐색하고 이를 실제로 활용하는 내용이 주를 이룹니다. 구체적으로 한 단원씩 어떻게 공부하는지 알아볼까요?

1단원. 기분을 말해요

1단원에서는 흉내 내는 말을 공부한 뒤, 기분을 나타내는 말하기 수업을 합니다.

1. 흉내 내는 말을 넣어 문장 만들기
- 흉내 내는 말을 알고 넣어 문장 만들기
- 이야기를 읽고 내용 알기
- 이야기 속 흉내 내는 말을 알고 사용하여 문장 만들기
- 자신과 관련 짓기

2. 자신의 기분을 말로 표현하기
- 기분을 나타내는 말을 찾고 말하기
- 듣는 사람을 생각하며 자신의 기분 말하기

한글을 재미있게 배우는 맛보기 활동을 소개해 볼게요. 아이들이 이해할 수 있는 수준의 감정 단어들을(신난다, 뿌듯하다, 창피하다, 미안하다, 즐겁다, 떨린다, 부럽다, 피곤하다) 살펴보고 상황 속에서 탐색해요. 아이들이 이러한 표현을 잘할 수 있어야 학교생활 속에서 실제 의사소통 능력이 좋아지기 때문이에요. 상대방의 입장도 고려하면서 나의 상황과 기분을 적절하게 표현하는 능력은 일상생활에서 꼭 필요하잖아요. 그래서 초등학교 1학년부터 이러한 의사

소통방식을 가르치게 되는 겁니다.

○ **흉내 내는 말을 넣어 감정을 표현해 보세요.**

1. 오늘 하루 중 기억에 남는 순간은 언제였나요?

예 친구와 점심시간에 술래잡기할 때 재미있었어요.

---

2. 그때 나의 기분은 어땠나요?

(느낌과 관련된 단어에 ○표 하거나 직접 적어 보세요.)

신나요, 즐거워요, 떨려요, 속상해요, 무서워요, 행복해요, 심심해요

---

3. 나의 기분을 흉내 내는 말을 넣어 표현해 보세요.

예 기분이 좋아 심장이 두근두근 뛰었어요.

내 마음이 살랑살랑 간질간질했어요.

초등학교에서 가르치는 비폭력 대화는 이렇게 3단계로 교육하고 있어요.

1단계	2단계	3단계
객관적 사실	**나의 감정**	
나의 주관적 느낌이 아닌 있는 사실 그대로 표현하도록 말하기	나 전달법 사용: '나는~'으로 시작하는 문장으로 말하기	**내가 바라는 것**

1학년에서는 더 간략하게 2단계까지만이라도 정확하게 말하도록 가르칩니다.

1단계	2단계
있었던 일	느낌

"①나는 지수가 병원에 입원해서 ②걱정했어.", "①나는 민지가 함께 놀자고 말해 줘서 ②기뻤어."와 같이 말이죠. 특히 친구 관계에서 갈등이 생겼을 때 이 능력은 상당히 중요하게 작용합니다. "네가 먼저 내 지우개 허락도 없이 가져갔잖아. 짜증 나!"라고 말하기보다는, "나는 네가 내 지우개를 허락도 없이 가져가서 짜증이 났어."라고 말하게 연습하는 것이에요.

이 연습은 국어 시간만 한정된 것이 아니라 학생 생활 전반에 걸쳐 배웁니다. 아이들끼리 쉬는 시간에 친구와 다투는 일이 생겼을 때도 국어 시간에 배운 대로 말해 보도록 합니다. 이러한 활동은 수업 시간에만 배우고 끝나는 게 아니라 일상생활 속에서 말 습관으로 자리 잡는 게 중요해요. 평상시에도 계속 사용해서 입에 붙도록 하는 게 좋습니다. 가정에서도 같이 해 볼 수 있는 맛보기 활동을 소개할게요. 다음 상황에 맞게 2단계 비폭력 대화로 말해 볼까요?

상황 1 엄마와 아빠가 다투신 뒤 서로 말을 안 하며 지내고 계시네요.

① 있었던 일: _____

> 예 엄마와 아빠가 오늘 저녁 시간 동안 한마디도 안 하고 잘 웃지도
>
> 않으셔서

② 느낌: _____

> 예 저는 마음이 불안하고 심장이 떨려요. 무서워요.

상황 2 놀이터에서 그네를 타고 싶어 줄을 서서 기다리는데 먼저 그네
를 타고 있는 친구가 너무 오래 타고 있어서 계속 기다리고 있어요.

① 있었던 일: _____

> 예 친구야, 내가 마음속으로 100까지 세었는데도 네가 그네를 계속
>
> 타고 있어서

② 느낌: _____

> 예 내가 기다리기가 좀 지루해.

상황 3 수업 시간에 선생님께서 나만 발표를 안 시켜 주시는 것 같아요.

① 있었던 일: _____

> 예 선생님, 제가 이번 국어 시간에 손을 세 번 들었는데 선생님이 한
>
> 번도 발표 안 시켜 주셔서

② 느낌: _____

> 예 섭섭하고 서운해요.

2단원. 낱말을 정확하게 읽어요

1. 받침이 있는 낱말 바르게 읽고 쓰기
- 글자의 짜임 알기
- 쌍받침(ㄲ, ㅆ)과 겹받침(ㄺ, ㄼ, ㅄ 등) 알기
- 받침에 주의하며 문장 쓰기
- 받침이 있는 낱말에 주의하며 글 읽기

2. 글을 읽고 글쓴이가 하고 싶은 말 찾기
- 글쓴이가 하고 싶은 말 찾기
- 글을 읽고 인물의 생각 알기

🖉 낱말 바르게 읽기는 '3장. 문해력 심화 활동 – 읽기 테스트지'와 함께해요!

　2단원에서는 쌍받침, 겹받침처럼 받침이 2개 들어간 글자를 바르게 읽고 쓰는 방법을 배웁니다. 어떤 발음의 법칙을 설명하기보다는 아이들이 평소에 주로 접해 보고 발음해 본 단어들에서 규칙을 찾아내도록 유도하는 방식의 수업을 진행하기 때문에 아이들에게 굳이 어려운 용어를 사용해서 가르치지 않아요. 하지만 실생활에서 여러 번 반복하고 계속하여 발음하고 입에 익히도록 해서 자연스럽게 정확한 발음으로 말하도록 하고 이것이 습관으로 자리 잡도록 하는 것이 중요합니다.

3단원. 그림일기를 써요

1. 자신의 경험을 바른 자세로 발표하기
- 여러 사람 앞에서 발표하는 자세 알기
- 자신이 경험한 일이 잘 드러나게 발표하기

2. 경험한 일을 그림일기로 나타내기
- 기억에 남는 일을 문장으로 말하기
- 그림일기를 쓰는 방법 알기

자, 이제 그림일기를 쓰는 단원이 등장했습니다. 그림일기는 사실상 아이들이 본격적으로 접해 보는 가장 첫 번째 글쓰기 활동입니다. 자신의 생각이나 느낌을 문장으로 구성하고, 그 문장들을 연결하여 의미가 담긴 한 편의 글을 완성하는 첫 활동이지요.

그림일기를 왜 쓸까?

우선 일기란 무엇일까요? 일기는 매일의 경험을 느낌과 생각에 따라 자유롭게 적는 것입니다. 일기를 쓰면 예전에 있었던 일을 알 수 있고, 그때 자신의 생각이나 느낌을 떠올릴 수 있어 나에게 중요한 기록으로 남습니다. 나의 하루를 돌아보면서 나를 비춰 주는 거울이 되고 그런 의미에서 일기는 남에게 보여 주기 위한 글이 아니라 나를 돌아보는 글이 되어야겠지요. 또 매일 쓰는 경험을 통해 표현력도 길러 줍니다.

이 중에서 우리가 먼저 배울 것은 바로 그림일기입니다. 왜 첫 시작은 그림일기로 할까요? 그림으로 그려 놓으면 글로 다 쓰지 않아도 많은 것들을 표현할 수 있고 더 생생하게 기억에 남길 수 있기 때문이에요. 세세하게 글로 적지 못하는 부분들을 하나하나 글로 쓰지 않아도 그림으로 알 수 있어요. 이렇게 그림을 통해 직관적으로 기록을 남기고, 중요한 부분은 글로 구성하여 쓸 수 있어 1학년 아이들처럼 문장 구성이 아직 익숙하지 않은 아이들에게 적합한 활동입니다.

그림일기는 어떻게 쓰라고 가르쳐야 할까?

중요하게 들어가야 하는 것은 날짜, 날씨입니다. 날씨는 그림이나 글 중 편한 방법으로 고를 수 있는데 '하늘이 슬퍼서 눈물 흘리는 날', '땀으로 샤워하는 날', '세상이 냉장고가 되어 버린 날' 등 다양하고 창의적인 표현을 독려하다 보면 자연스럽게 관찰력도 길러집니다.

무엇보다 글감을 잘 찾아야 하는데, 여기서 어려움을 느끼는 친구들이 있습니다. 매일 반복되는 일상적인 하루 속에 특별히 기억에 남는 게 없을지라도 그 하루를 돌아보았을 때 기억하고자 할 만한 내용을 글감으로 포착할 수 있어야 해요. 사실 자세히 들여다보면 매일 먹는 저녁 식사 속에 오늘은 좀 다른 특별함을 포착할 수

도 있고, 학교 가는 길에도 이전과는 다른 특이한 사건을 맞이할 때도 있으니까요.

문장을 구성하여 일기를 쓸 때 띄어쓰기나 맞춤법의 난관에 부딪히는 아이들이 많습니다. 문법 공부를 할 때는 잘하는데 막상 일기를 쓰면 어법이 틀리는 경우가 많아요. 마침표를 찍는 위치가 틀렸다든지, 첫 시작의 첫 칸은 띄고 써야 하는데 그렇지 않았다든지 등등 여러 오류가 등장하지요. 한 번에 잘하는 아이는 없어요. 이러한 부분도 조금씩 꾸준히 바꿔 나가면 됩니다.

아이의 그림일기가 마음에 안 든다면?

아이가 처음으로 쓴 그림일기를 보시면 아마 썩 마음에 안 드실 겁니다. 당연합니다. 처음부터 그림일기를 잘 쓰는 친구는 없습니다. 아직 문장을 구성하기도 서툰데 그림일기 쓰려고 괜찮은 글감을 찾고 의미 있는 문장들을 여러 개 묶어 한 편의 글을 완성한다는 것은 우리 아이들에게 아직 벅찰 수 있어요. 하지만 그림일기는 아이의 첫 번째 글이고, 이를 기본으로 시작하여 점차 글쓰기를 발전시켜 나갈 것이기 때문에 그림일기를 격려해 주고 지속시켜 주는 것은 굉장히 좋은 활동입니다.

어렵지만 중요한 단원이고, 1학년 2학기에서 가장 공을 들여야 할 부분입니다. 집에서도 그림일기를 꾸준히 쓸 수 있도록 격려하는 것이 좋습니다. 계속하면 할수록 좋아지는 것이 그림일기이기 때문이지요. 학교에서 한 단원에 걸쳐 내용을 배웠다고 거기서 끝내기보다는 생활 속에서 꾸준히 그림일기를 쓰는 습관을 가지는 게 좋습니다. 주중에 너무 바쁘면 주말에라도 써서 최소 1주일에 한 편 정도씩은 그림일기를 쓸 수 있도록 아이와 약속해 보세요.

✏️ 그림일기를 쓰는 구체적인 활동은 '4장. 1학년 글쓰기 활동'에서 자세하게 다뤄 볼게요!

그림일기 체크리스트

☐ 날짜와 날씨를 썼나요?

☐ 그림과 글이 잘 어울리나요?

☐ 누가, 언제, 어디서, 무엇을 했는지 정확하게 썼나요?

☐ 나의 생각이나 느낌이 들어갔나요?

4단원. 감동을 나누어요

1. 이야기를 듣거나 읽고 일의 차례 정리하기
- 누가 무엇을 했는지 생각하며 이야기 듣기
- 이야기를 읽고 일이 일어난 차례 정리하기

2. 만화영화를 보고 생각이나 느낌 나누기
- 만화영화를 보고 있었던 일 정리하기
- 만화영화를 보고 감동적인 장면에 대해 이야기 나누기

그림책 속 재미난 이야기를 읽어 보고 이야기 속 내용을 탐색하는 단원이 나옵니다. 요즘은 만화영화와 같은 영상 매체들도 유익한 작품들이 많아요. 등장인물에게 일어난 일, 감동적인 장면 등에 대해서 이야기를 나눕니다.

이 단원의 핵심은 전반적인 내용 파악과 디지털 문해력의 향상입니다. 그림책 이야기도 읽고, 아이들이 좋아하는 만화영화 '아이쿠'나 '엄마 까투리'와 같은 애니메이션을 보고 즐기면서 내용을 이해해 나가는 활동이에요.

다만 초등학교에서 만화영화를 볼 때는 단순히 그냥 보기만 하지 말고 이야기의 앞뒤 내용을 생각하며 봐야 한다는 점을 강조합니다. 그동안 집에서 편안하게 영상을 시청하며 깊이 있는 생각을 할 기회가 없었지만 초등학교에서는 만화영화와 같은 매체를 볼

때 주의해야 할 점을 계속 상기시키면서 볼 수 있도록 강조합니다.

영상 매체들이 크게 발달하면서 아이들이 영상을 많이 접하게 되었어요. 그래서 학교에서도 단순히 책과 같은 활자뿐만 아니라 영상 매체를 어떻게 받아들여야 하는지 관심을 갖고 배우게 됩니다.

5단원. 생각을 키워요

1. 한글에 관심 가지기
- 한글을 소중히 여기기
- 글자에 관심 가지기

2. 책에 관심 가지기
- 책에 흥미 가지기
- 글을 읽고 생각이나 느낌 나누기

이번은 살짝 쉬어 가는 단원입니다. 한글날 즈음에 맞춰서 수업하기도 하고요. 한글의 위대함과 우리 말과 글의 소중함을 되새겨 보는 시간이에요. 아울러 책과 문자의 소중함도 느끼면서 함께 다양한 작품을 접해 보고 자신의 생각이나 느낌을 나누면서 편안하고 즐거운 시간을 보낼 수 있어요. 가을은 책 읽기 좋은 계절이잖아요. 각종 책 축제나 도서관 행사가 열리는 시기이기도 하고요.

이와 맞물려 독서와 사색에 함께 빠져 보는 건 어떨까요? 재미있는 그림책을 읽으며 책에 관심을 갖고 다양한 글을 즐겁게 읽어 보는 시간으로 보내 봅니다.

6단원. 문장을 읽고 써요

1. 생각을 문장으로 표현하기
- 생각을 문장으로 나타내기
- 시를 읽고 자신의 생각을 문장으로 나타내기

2. 정확하게 쓰고 자연스럽게 읽기
- 낱말 바르게 쓰고 읽기
- 문장을 자연스럽게 띄어 읽기
- 글의 의미를 생각하며 읽기

자신의 생각을 문장으로 구성하여 쓰는 활동입니다. 현상이나 문제점을 보고 그에 대한 해결 방법과 자신의 생각을 주장하는 문장을 쓰는 활동이에요. 그리고 정확하게 쓰고 자연스럽게 읽을 수 있도록 한글의 정확도를 높이는 연습을 하는 단원입니다.

이 단원에서 본격적으로 받아쓰기가 나옵니다. 선생님께서 읽어 주시는 낱말을 듣고 적어 보는 겁니다. 단어만 듣고 바르게 적는 것부터 시작해서 문장을 듣고 쓰는 것까지 잘할 수 있는지 살펴봐요.

✎ 받아쓰기의 구체적인 활동은 '3장. 1학년 문해력 활동'에서 자세하게 다뤄 볼게요!

한 문단 정도 되는 짧은 글을 자연스럽게 띄어 읽는 방법도 공부합니다. 이렇게 하면 아이들이 그림책을 재미있게 읽으면서 내용을 흡수할 수 있어요. 실제로 글을 소리 내어 읽으면 글의 내용이 더 잘 파악돼요. 아이들도 묵독으로 넘어가기 전에 소리 내어 읽기 활동을 하면서 내용을 이해하고 작품을 흡수할 수 있도록 돕는 것입니다.

7단원. 무엇이 중요할까요?

1. 주요 내용 이해하기
- 무엇을 설명하는지 생각하며 글 읽기
- 글을 읽고 새롭게 알게 된 점 말하기

2. 겪은 일 쓰기
- 겪은 일을 정리하는 방법 알기
- 겪은 일이 잘 드러나는 글쓰기

설명하는 글을 읽고 내용을 이해하는 단원입니다. 3문단 정도 되는 다소 긴 글이 등장하기 시작합니다. 아이들 입장에서는 '글밥이 좀 많아졌는데?'라고 느낄 수도 있어요. 예를 들어, 독도를 설명하는 글을 읽고 독도에 대해 새롭게 알게 된 점이 무엇인지 찾아본다던가, 자연에서 힌트를 얻은 발명품들(민들레씨를 본떠 만든 낙하산 등)을 설명하는 글을 읽고 이 글의 내용을 점검해 보는 활동을 합니다.

더불어 겪은 일을 글로 적어 보는 활동도 합니다. 내가 겪은 일 가운데 하나를 떠올려 간단한 글을 써 보면서 내가 알고 있는 내용과 내가 겪은 일들을 잘 전달하도록 글을 써 보는 거예요. 가정에서도 해 볼 수 있는 맛보기 활동을 소개해 볼게요.

○ 내가 겪은 일 중에 기억에 남는 일을 떠올리고 글로 써 봅시다. 겪은 일을 되도록 자세히 쓰고 나의 생각이나 느낌을 덧붙이세요.

예시 자료: 크리스마스에 있었던 일

8단원. 느끼고 표현해요

 상상하며 글을 읽고 느낌을 나누며 글을 접하고 감성을 키우는 단원입니다. 시를 읽고 장면을 떠올려 보기도 하고, 내가 좋아하는 시를 도서관에서 찾아 낭송하기도 합니다. 또 이야기 속 인물의 마음을 짐작하고 그 모습을 상상하며 그림으로 그려 본다거나, 등장인물에게 해 주고 싶은 말을 편지로 써 보기도 해요. 또 연극을 보고도 같은 방식의 활동을 해 보기도 하고, 작품 속 한 장면을 따라 해 보기도 합니다. 이렇게 다양하게 작품을 접하고 이를 활용하여 즐거운 활동을 하면서 1년 활동을 마무리합니다.

1. 인물을 상상하며 작품 감상하기
- 장면을 떠올리며 시 낭송하기
- 인물의 모습과 행동 상상하기

2. 작품에 대한 생각이나 느낌 나누기
- 연극을 보고 인물의 행동과 생각 알기
- 이야기를 읽고 생각이나 느낌 나누기

1학년 2학기
국어 수업의 효과

    지금까지 1학년 2학기에서 중점적으로 아이가 어떤 내용을 공부하는지 알아봤어요. 2학기에는 1학기에서 배운 한글을 좀 더 정교하게 다듬어 가고 오류가 없는지 점검하며 정확도를 올리는 시기예요. 또 한글을 본격적으로 어떻게 활용해야 하는지, 생활 속에서 어떻게 써야 하는지 경험해 나가기 시작하는 단계입니다.

    2학기 국어 수업을 마치고 나면 우리 아이들은 한글을 적용하여 읽고 쓰는 활동에 익숙해질 겁니다. 그리고 나의 생활 속에 언어를 어떻게 접목시켜 활용해야 하는지를 익혀 나갈 수 있어요. 생활 속에 필요한 의사소통을 하는 것부터 시작해서 문학 작품에서 재미와 감동을 느끼는 부분까지 국어를 활용하는 다양한 상황을 접하면서 그 활용법을 배우게 되는 것이지요. 구체적으로 어떤 부분에서 효과를 얻게 될지 살펴볼까요?

한글을 더 정확하게 뗄 수 있다

1학기까지 80~90퍼센트 정도 한글을 뗀 친구들이 이제는 100퍼센트 정확도를 가질 수 있도록 다듬어집니다. 1학기 때까지는 기본 한글 원리의 큰 틀을 배웠다면, 2학기부터는 좀 더 세세하게 들어가는 거지요. 받침이 2개 들어가는 경우도 배우고 활용하면서 더 세밀하게 알아 갑니다. 또 한글 규칙에서 예외가 되는 단어나 문장이 있는지도 살펴보고 익히면서 발음과 맞춤법을 정확하게 해 나갑니다. 이러한 과정을 통해 한글 떼기의 마지막 정교화 작업을 해 나가며 초기문해력을 탄탄하게 다집니다.

친구와 갈등을 해결하는 대화를 한다

학교생활을 하면서 일상 속에서 지켜야 할 말 습관을 형성하는 시기입니다. 다른 친구들의 이야기를 잘 듣고 자신의 의견을 말하는 활동을 통해 진정한 의사소통 능력을 기르기 시작하지요. 특히 앞에서 설명한 비폭력 대화법을 적용하여 학교에서 마주칠 수 있는 관계적인 문제를 해결하는 능력도 키워 갈 수 있고, 나에게 있었던 일과 나의 기분을 표현하면서 상대가 기분 나쁘지 않은 소통법을 배워 가는 계기가 되기도 합니다. 이런 방식의 대화 또는 발표를 해 나가면서 의사소통 능력을 키워 가게 됩니다.

스스로 문장을 만들 수 있다

문법 개념(주어와 서술어, 문장 구조 등)을 배우고, 이를 활용하여 문장을 만드는 연습을 합니다. 문장을 구성하는 법을 배우고 이를 바탕으로 문장을 만들어서 글쓰기도 시작합니다. 문장을 자연스럽게 띄어 읽는 법도 연습하고, 문장부호를 적재적소에 활용하는 방법도 배우는 등 기본 문장을 구성하는 데 필요한 문법을 전반적으로 습득하게 되지요.

마무리 활동

다음 문장을 완성해 보세요.

○ **나무가** _____ .

　　예 흔들린다

○ **구름이** _____.

　　예 하늘 위로 떠간다

○ **고양이가** _____.

　　예 꼬리를 흔들며 걸어간다

그림일기를 쓸 수 있다

　그림일기를 시작으로 본격적인 글쓰기가 시작됩니다. 아이들은 특히 내가 경험한 내용을 바탕으로 글감을 찾고 이를 쓰기로 연결하는 것부터가 글쓰기의 시작인데, 그러한 의미에서 첫 단추의 역할을 하는 그림일기가 시작되는 것이지요. 이를 통해 본격적인 글쓰기가 시작된다고 할 수 있어요. 또 겪은 일을 바탕으로 글을 쓰는 생활문 형태의 글쓰기도 시작하면서 글을 효과적으로 쓰는 방법을 터득해 나가게 됩니다.

작품을 감상하고 이해할 수 있다

　동화, 시, 연극 등 다양한 형태의 작품을 접하고 이해하는 활동을 통해 읽기 능력을 키우기 시작합니다. 주요 주제나 등장인물에 대해 탐색하여 이야기하고, 내용을 요약하는 연습도 하게 됩니다. 작품을 통해 의미를 이해하는 활동의 시작이라 할 수 있습니다. 다소 긴 글밥의 이야기도 그 스토리 흐름을 따라 읽어 가며 내용을 파악하기 시작합니다.

마무리 활동

읽기 후 감상과 느낌을 정리해 보세요.

○ 집에서 읽은 이야기 _____

    (시, 연극, 동화 이름 적기)

○ **등장인물 중 가장 기억에 남는 인물은 누구인가요? 왜 그럴까요?**

_____

_____

> **예** 나는 늑대가 기억에 남아요. 왜냐하면 처음에는 나쁜 줄 알았는데 사실은 친구를 도와주려고 했기 때문이에요.

○ **이야기 속에서 기억에 남는 장면은 무엇인가요?**

_____

_____

> **예** 거북이가 토끼를 이긴 장면이 재미있었어요. 거북이가 느리지만 끝까지 포기하지 않아서 이겼어요.

디지털 속 이야기도 잘 이해한다

요즘 아이들은 영상 매체를 접하는 빈도가 높아 매체를 활용한 교육도 필요한데, 이를 시작하는 단계가 1학년 2학기입니다. 영상을 보고 스토리를 이해하는 것, 등장인물의 마음에 공감하는 것, 감동적인 장면을 찾아 이야기 나누는 것 등의 활동은 이 시대의 아이들에게 필요한 디지털 문해력을 키우는 시작이라 할 수 있습니다.

마무리 활동

영상 매체를 보고 다음 활동을 해 보세요.

○ 내가 방금 보고 온 만화영화의 제목을 써 보세요.

_____

예 캐치티니핑 15화 '돌아와, 하츄핑!'

○ 어떤 내용이었나요? 한 줄로 요약해 보세요.

_____

예 하츄핑과 로미가 다투다가 화해하는 이야기예요.

○ 주인공이 가장 힘들었을 때, 무엇을 했나요?

_____

예 하츄핑과 로미는 섭섭하고 화가 났지만 서로가 소중한 친구임을 깨닫고 용기 내어 서로에게 다가갔어요.

○ 만화영화의 결말을 바꿔 본다면, 어떤 이야기가 될까요?

　예　하츄핑이 집을 나가지 말고, 로미는 미안하다고 솔직하게 사과하는 이야기였으면 좋겠어요.

문해력은 놀이와 활동으로 자연스럽게 익혀야
학습 효과가 높습니다.
한글 놀이부터 방학 중 해 볼 수 있는
우리나라 지도 탐험, 그림일기 전시회까지
다양한 문해력 심화 활동을 소개합니다.

3장

집에서 할 수 있는
초등 1학년
문해력 심화 활동

아이의 문해력을 키우고 싶지만 바쁜 일상 속에서 고민이 많으시죠? 집에서 간단하게, 생활 속에서 약간의 노력만으로도 문해력을 키울 수 있는 방법들이 있습니다. 지금부터 시기별로 문해력을 키워 줄 수 있는 간단한 활동들을 소개해 드릴게요.

시기	활동 예시
1학기	집에서 하는 한글 놀이, 집에서 하는 한글 공부(읽기, 쓰기)
여름방학	독서록, 서점 나들이, 우리나라 지도 탐험, 인물 탐구, 감정 탐구
2학기	받아쓰기, 그림일기 전시회, 추석 명절 놀이
겨울방학	다른 사람에게 책 읽어 주기, 영화나 연극 관람

1학기
문해력 심화 활동

    1학년 1학기, 이제 갓 초등학교에 입학한 아이들에게 있어 가장 중요한 과제는 아무래도 한글 떼기이겠지요? 한글을 정확하게 읽고 쓰면서 문자를 인식하고 활용할 줄 아는 능력을 꼭 갖추어야 할 가장 중요한 시기이기 때문에, 집중적으로 한글을 뗄 수 있도록 다양한 활동을 병행하는 것이 매우 중요합니다. 이 시기에 즐겁게 배우며 한글을 명확히 떼고 초기문해력을 갖추게 할 다양한 활동들을 소개합니다.

    바쁜 일상 속에서도 아주 쉽고 간단하게, 부담없이 해 볼 수 있는 활동들로 소개할게요.

집에서 하는 한글 놀이

아이들은 한글을 익히면서 문자와 세상을 연결하는 특별한 경험을 시작하게 됩니다. 이 과정이 재미있고 친근하게 다가와야 아이들이 한글을 즐겁게 공부할 수 있어요. 특히 한글을 처음 배우는 초반에는 학습으로 접근하기보다는 놀이와 활동을 통해 자연스럽게 익히는 게 훨씬 효과적입니다. 아이가 부담을 느끼지 않고 한글을 쉽게 익힐 수 있는 여러 가지 놀이 방법을 소개할게요.

글자 체조

몸으로 글자의 모양을 만들어 보는 체조는 한글을 배우는 데 매우 재미있고 효과적인 방법이에요. 아이들은 몸으로 글자 모양을 표현하면서 자연스럽게 글자의 형태와 발음을 기억하게 됩니다. 몸을 사용한 활동은 뇌의 기억력을 자극하므로 아이가 훨씬 더 쉽게 한글을 익힐 수 있답니다.

더 재미있게 즐기고 싶다면, 아래에 추천드리는 체조 영상을 함께 보며 노래와 춤으로 글자 체조를 따라 해 보세요. 아이가 웃고 즐기며 한글을 배우는 시간이 될 거예요.

소중한글
자음 댄스

유튜브 소중한글

소중한글
모음 댄스

유튜브 소중한글

KBS TV 유치원
글자 체조

유튜브 KBSKIDS

❶ "우리 ㄱ 모양을 몸으로 만들어 볼까?"라고 물으며 시작하세요. 아이가 팔과 다리를 사용해 글자 모양을 따라 만들어 보게 합니다.

❷ 아이가 글자를 만들며 "ㄱ!" 하고 소리를 내도록 유도하세요. 소리와 모양을 동시에 기억하게 됩니다.

❸ 이제 "내가 말하는 글자를 몸으로 만들어 볼래?", "ㄷ 모양을 만들려면 어떻게 해야 할까?" 이런 식으로 게임 요소를 추가하면 아이의 흥미와 집중도가 높아집니다.

•TIP•

아이 스스로 한글 모양에 맞는 동작을 창의적으로 만들면 이를 칭찬해 주세요. "오늘 만든 글자 중에서 어떤 게 가장 재미있었니?" 또는 "어떤 글자가 제일 어렵게 느껴졌어?"라고 질문하며 대화를 나누어 보세요. 아이의 학습 과정을 이해하고 격려할 수 있는 좋은 기회가 됩니다. 또 사진이나 영상을 기록해 두고 아이에게 보여 주며 성취감을 느끼게 해 주는 것도 좋아요.

한글 놀이 교구

아이들은 직접 손으로 만져 보고 조합한 결과물을 눈으로 확인할 때 학습 효과가 높아집니다. 그래서 자음과 모음, 받침 글자를 조합해 보고 발음해 보는 과정을 통해 한글을 정확히 익히는 것이 중요합니다.

우리 아이가 한글이 조금 부족하다고 느껴지신다면, 가정에서 놀이 교구를 활용해 추가로 연습하는 것을 추천합니다. 가정에서는 아이의 속도와 수준에 맞춰 한글 놀이를 할 수 있으니, 재미있게 놀면서 자연스럽게 한글을 익힐 수 있답니다.

활동 방법 ....

❶ 놀이 교구로 자음과 모음을 조합해 다양한 글자를 만들어 보세요. "오늘은 '가' 글자를 만들어 볼까? 이제 '나'로 바꿔 볼까?" 하며 글자 조합을 반복하면 아이가 글자의 구조를 자연스럽게 이해하게 됩니다.

❷ 만든 글자를 소리 내어 읽고, 그 글자가 들어간 단어를 떠올려 보게 해 보세요. "가로 시작하는 단어는 뭐가 있을까? 가구, 가방!" 이런 방식으로 아이가 스스로 단어를 떠올릴 기회를 주세요.

❸ 놀이 교구에 받침을 추가합니다. "이번에는 '강'을 만들어 볼까? '방'은?" 하며 받침을 활용한 다양한 글자를 조합해 보세요.

❹ 그림을 보여 주고 그에 맞는 글자를 만들어 보도록 하는 활동을 해 보세요. "이 그림은 뭘까? 맞아, '사과'야! 이제 '사'와 '과'를 만들어 볼까?"

- 놀이 교구는 아이가 흥미를 느낄 수 있는 색상이나 모양으로 준비하세요. 자석 글자나 블록 형태의 글자 교구를 추천해요.

- 놀이 중간에 칭찬과 격려를 듬뿍 주세요! "와! '가' 정말 잘 만들었네! 이번엔 '다'도 해 볼까?" 이런 격려는 아이에게 자신감을 심어 줍니다.

- 활동 시간은 짧고 즐겁게 가지세요. 15~20분 정도가 적당하며, 놀이가 끝날 때는 "내일은 더 재미있는 글자를 만들어 보자!" 하고 긍정적인 기대감을 심어 주세요.

❤ 추천 교구

○ 해피이선생 소프트폼 자석 한글교구

○ 자석 글자 한글 자석 놀이

○ 한글 놀이 라온 보드게임

해피이선생 소프트폼 자석 한글교구

그림책 놀이

그림책을 활용하여 한글을 떼는 데 도움이 될 수 있는 활동으로 구성하면 소리와 문자의 인식뿐만 아니라 의미를 이해하고 재미까지 추구할 수 있어 문해력 향상에 다방면으로 좋습니다. 한글 놀이용 책, 재미있는 말놀이 책 등을 통해 기존에 익숙하게 접해 온 한글을 다시 한번 재미로 느끼면서 학교에서 배운 학습 내용과 접목시켜 이해하는 기회를 확장하는 시간을 가져 보세요.

❶ 그림책의 내용을 읽으며 아이가 소리 나는 대로 글자를 찾게 해 보세요.

"여기 나무 그림이 있네! 나무는 어떤 글자로 시작할까? 'ㄴ'이네! 한번 써 볼까?" 하며 소리와 글자를 연결하는 활동을 해 보세요.

❷ 그림책에 나오는 글자 중 아이가 아는 글자를 찾아보게 합니다.

"우리 책 속에서 '가'가 들어간 단어를 찾아볼까? 몇 번이나 나오는지 세어 볼까?" 하는 식으로 아이의 관찰력을 자극합니다.

❸ 책에 나오는 문장을 짧게 따라 써보는 활동을 추가해 보세요. 아이가 좋아하는 페이지를 고르고, 그중 한두 문장을 골라 "이 문장 너무 예쁘지? 우리 한 번 써 볼까?" 하며 재미있게 따라 써 볼 수 있게 해 주세요.

TIP

• 그림책은 아이가 스스로 소리 내어 읽기 적합한 글밥이 적당한 책을 선택하세요. 읽기 수준보다 너무 어렵거나 긴 책은 아이가 흥미를 잃을 수도 있어요.

• 그림책 놀이 후에는 책 속에서 재미있었던 장면이나 문장을 함께 이야기해 보세요. "이 부분이 재밌었어? 너는 어떻게 생각해?" 하며 대화를 나누면 아이의 사고력과 언어 표현력도 함께 자극됩니다.

○ **추천 도서**

○ 구름 한 숟가락 ㄱㄴㄷ(황숙경/비룡소)

○ 행복한 ㄱㄴㄷ(최숙희/웅진주니어)

○ 우리엄마 ㄱㄴㄷ(전포롱/파란자전거)

○ 나랑 만나, ㅏ(유은미/상상아이)

○ 낱말 수집가 맥스(케이트 뱅크스/보물창고)

○ 내 마음 ㅅㅅㅎ(김지영/사계절)

○ 그러그가 글을 배워요(테드 프라이어/세용출판)

○ **추천 교구**

○ **그림책 돋보기 카드**(강새로운/인싸이트)

그림책을 읽고 카드 놀이를 할 수 있게 구성된 게임 세트입니다. 그림책을 읽고 난 뒤 카드를 섞어 엎어 놓고 순서대로 돌아가며 카드를 뒤집어 나온 미션을 해결하는 방식으로 놀이를 진행할 수 있습니다. 아이가 아직 어려서 미션을 수행하기에 어려운 카드들이 있을 수 있으니 미리 빼놓고 난이도를 쉽게 조정해서 놀이하고, 나중에 아이가 좀 더 크면 그때 카드를 추가하는 방향으로 하면서 꾸준히 사용하면 좋아요.

○ **생각의 바나나**(휴그림책센터)

아이와 함께 그림책을 읽었는데 무슨 질문을 해야 할지, 어떤 독후활동을 해야 좋을지 막막할 때 유용하게 쓸 수 있는 교구입니다. 바나나 모양 카드에 적힌 질문을 아이와 함께 생각해 보며 그림책 독후활동을 할 수 있습니다.

집에서 하는 한글 공부

집에서 쉽고 간단하게 한글을 공부해서 학교에 보내면 학교 수업에 더 자신감을 갖고 참여할 수 있겠죠? 집에서도 할 수 있는 한글 공부 과제를 소개합니다. 지금부터 소개하는 활동들을 집에서 연습하고 공부해 보세요.

'빠정' 읽기(빠르고 정확하게 읽기)

글자나 단어를 빠르고 정확하게 읽는 연습은 한글 학습의 기초를 다지는 데 아주 효과적입니다. 처음에는 쉬운 글자부터 시작해 조금씩 난이도를 높이며 연습해 보세요. 마지막 단계에서는 랜덤으로 어떤 글자를 가리켜도 술술 읽어 낼 수 있도록 만들어 줍니다.

활동 방법 ·····························

[워크북 1] 한글 읽기 빠정 테스트지 2페이지 수록

❶ 글자 카드나 학습지를 활용해 글자를 보고 읽게 연습합니다(5번 반복).

❷ 타이머로 몇 개의 글자를 빠르고 정확히 읽는지 기록해 보세요.

활동 01~12번은 워크북 QR 코드를 확인하세요.(QR 코드는 표지 안쪽에도 있습니다.)

시간에 쫓겨서 발음을 뭉개며 소리 내지 않도록 지도해 주세요. 정확한 발음으로 또박또박 말해도 시간 여유는 충분합니다.

그림책으로 읽기 독립하기

빠르고 정확하게 잘 읽기 위해 아이가 자신이 아는 글자의 범위 내에서 정확하게 소리 내어 읽을 수 있도록 구성된 그림책으로 연습하는 것 또한 추천해요. 아이가 자신이 아는 글자를 읽어 나가면서 하나의 이야기가 이어져 나가는 것을 보고 굉장히 재미있어 하고, 그림책 한 권을 스스로 소리 내어 다 읽

그림책으로 읽기 독립

어 냈다는 점에서 뿌듯함을 느끼게 될 겁니다.

실제로 이 과정을 통해 한글을 완벽하게 떼고 이제는 부모님이나 선생님이 읽어 주지 않아도 자기 스스로 책을 읽을 수 있다며 행복해하는 아이들의 얼굴을 많이 봤어요. 가정에서도 해 보길 추천합니다.

활동 방법 ···

❶ 처음에는 받침 없는 글자로 구성된 쉬운 책부터 시작해 보세요.

❷ 아이가 읽는 동안 옆에서 조용히 지켜봐 주고, 틀린 부분은 친절히 교정해 주세요.

❸ 책을 다 읽고 나면 칭찬해 주며 자신감을 심어 주세요.

❹ 점차 단계를 올려 복잡한 모음글자, 받침 있는 글자, 받침이 두 개인 글자로 된 책을 읽어요.

❺ 부모님 도움 없이 스스로 책의 처음부터 끝까지 읽기 완료!

추천 도서

○ 받침 없는 동화 시리즈, 받침 배우는 동화 시리즈(한규호/받침없는동화)

○ 한글이 야호 2 그림책+워크북 세트(EBS 한글이 야호 제작팀 외 2인/EBS MEDIA)

한글 따라 쓰기

읽기가 익숙해지면 이제 글씨를 바르게 쓰는 연습을 시작해 보세요. 이 과정에서 획순(글자를 쓰는 순서)을 강조하며 글자를 정확하게 쓰도록 하는 것이 중요합니다. 꾸준한 연습을 통해 아이들은 바른 글씨체를 자연스럽게 습득할 수 있습니다. 또한 창의적인 활동과 놀이를 접목하면 아이들의 흥미를 유발하여 지속적인 발전을 이룰 수 있습니다.

획순에 맞춰 쓴 예

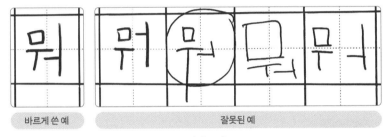

바르게 쓴 예 　　　　　　　　잘못된 예

한글 따라 쓰기

[워크북 2] 한글 따라 쓰기 7페이지 수록

❶ 10칸 쓰기 공책을 활용해 글자를 또박또박 쓰도록 연습시켜 주세요.

❷ 자음과 모음이 한 글자 공간 안에 적절히 배치되도록 알맞은 크기와 위치를 가르쳐 주세요.

❸ 받침 없는 글자는 '왼쪽+오른쪽' 또는 '위+아래' 두 가지 방식으로

자음과 모음이 결합됩니다. 아이가 글자를 쓸 때 이 원리를 이해하고 네모난 공간 안에 균형 있게 자리 잡을 수 있도록 연습합니다.

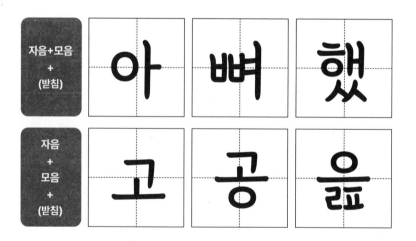

| 자음+모음 + (받침) | 아 | 뼈 | 했 |
| 자음 + 모음 + (받침) | 고 | 공 | 욮 |

쓰기 공간 감각을 알려 주는 것도 중요합니다. 한글의 기본적인 형태와 쓰는 방식을 충분히 익혀 두어야 나중에 학년이 올라가도 한글을 익숙하게 읽고 쓸 수 있습니다. 한글의 기본 형태를 제대로 이해하고 지킴으로서 사람들과의 소통에 무리가 없도록 하자는 겁니다.

아이에게 이렇게 설명해 주세요. "우리가 글자를 쓸 때 일정한 규칙을 지키는 이유는, 모두가 이 글자를 편하게 읽고 이해할 수 있도록 하기 위해서야. 이건 약속된 방법이야. 이 약속을 잘 지키면 나중에 글을 읽고 쓰는 데 더 편리해지고, 친구들과 소통할 때도 어려움이 없을 거야. 우리도 이 약속을 지켜서 사람들이랑 쉽게 소통할 수 있도록 해 보자!"

워크북(한글 따라 쓰기)을 아이에게 보여 주고 10칸 쓰기 공책에 연습해 보세요. 꾸준히 하다 보면 어느새 한석봉 못지않은 명필을 가진 아이의 모습을 보게 될 수도 있어요. 실제로 반 아이들을 데리고 하루에 15분씩, 한 쪽씩 꾸준히 써 보게 했더니 상당히 효과적이었어요. 아이들도 자신들의 글씨체가 점점 예뻐지는 걸 느끼고 기뻐하고, 부모님들도 행복해하셨습니다.

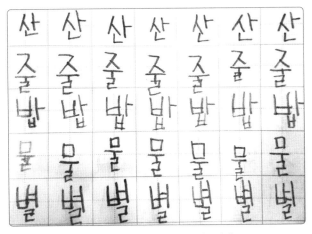

공간감을 생각하며 글씨 쓰기 연습하기

그밖에 쓰기 활동을 하기에 적절한 책들은 다음과 같습니다.

📖 추천 도서

○ 1학년 한글 떼기(하유정/한빛에듀): 획순이 눈에 보이도록 지시선이 있어서 아이들이 보고 따라 쓰기 좋은 교재입니다.

○ 자신만만 1학년 한글쓰기(이은경/상상아카데미): 글자 크기에 알맞게 바른 글씨체로 쓰는 것을 연습할 수 있는 교재입니다.

○ 기적의 한글 학습 시리즈(최영환/길벗스쿨): 한글의 원리를 확인해 가며 글씨 쓰기 연습을 할 수 있는 교재입니다.

여름방학
문해력 심화 활동

    여름방학 때는 1학기 국어 시간에 배웠던 내용 중 이해되지 않았던 부분을 복습하고 2학기 공부 내용을 예습할 수 있는 활동이면 좋습니다. 아울러 여름방학 기간이기 때문에 시간을 자율적으로 쓸 수 있고, 가족과 여름 휴가 등 체험활동을 하기에도 적합하므로 이런 일상 활동들 속에서 문해력을 확장할 수 있는 기회를 함께 갖는다면 일석이조가 되겠지요?

    1학년 여름방학은 아이들이 책과 친해지는 기회를 갖도록 하는 활동이 중점이 되어야 합니다. 그래야 아이들이 집에서도 알차게 시간을 보내며 문해력을 심화할 수 있는 기회가 될 거예요.

독서록(기본 단계) · 책 속의 보물 기록장

여름방학 시기에는 책을 읽을 시간적인 여유가 많고 도서관에 갈 시간도 비교적 수월하게 낼 수 있습니다. 특히 한글을 본격적으로 학습으로 접하기 때문에 자신이 배운 한글을 그림책 속에 적용하면서, 많지 않은 글자와 아름다운 그림을 통해 책 내용을 이해하고 뇌를 확장시키는 경험을 해 봅시다.

1장에서 초기문해력에 대해 설명한 것 기억나시죠? 이 시기에 여러 종류의 책을 많이 접했느냐 그렇지 않느냐에 따라서 문해력 격차가 상당히 벌어집니다. 글밥이 많지 않아 아이 스스로 읽을 수 있는 수준의 책을 선정하여 부담 없이 읽도록 해 주세요.

어떤 책을 읽었는지 간단한 기록을 남기는 것부터 시작하면서 본격적인 독서록 작성을 시도해 보기에 좋은 시기입니다. 책을 읽은 뒤 읽은 날짜와 책 제목을 기록하는 간단한 활동부터 시작해 보도록 해요. 그리고 책 속에서 발견한 보물 같은 문장, 즉 책을 읽으면서 기억에 남았던 단어나 구절, 문장을 찾아서 이를 보물 기록장에 기록해 봅시다. 책 내용이나 책이 전하고자 하는 메시지를 탐구하는 등 깊이 있는 접근 방식보다는 가볍게 내가 접한 책이 무엇이었는지, 그리고 그 책에서 내가 기억에 남겨 두면 좋을 만한 부분이 어떤 곳이었는지 찾아보는 간단한 활동들을 통해 부담 없이 시작해 봐요.

읽은 날	책 속 보물 기록	
월 일	책 제목	
	보물 기록 또는 나의 생각, 느낌	

활동 방법

[워크북 3] 책 속의 보물찾기 12페이지 수록

❶ 아이가 읽은 책의 제목과 읽은 날짜를 간단히 기록하도록 합니다.

❷ 책 속에서 기억에 남는 단어, 구절, 문장을 '책 속 보물'로 골라 적어 보도록 유도하세요.

'내가 가장 좋아한 장면'이나 '책을 읽고 느낀 점'을 간단히 더 추가해도 좋습니다.

TIP

아이가 부담을 느끼지 않도록 간단한 기록부터 시작하세요. 부담 없이 보고 따라 쓰는 정도만 해도 충분합니다. 그러다 아이가 좀 더 쓰고 싶은 욕구가 생기면 그때 더 풍부하게 채워 나가면 됩니다. 방학이 끝날 무렵, 아이와 함께 독서 기록장을 다시 살펴보면서 "이 책 기억나?" 하고 이야기 나누어 보세요. 성취감과 함께 독서의 재미를 느끼게 됩니다.

책 속의 보물찾기

권	읽은 날		책을 읽고 써 보세요.
36	12월20일	책 제목	돼지책
		보물 문장 또는 나의 생각느낌	엄마는 차를 수리했습니다.
			나도 게으름을 피우지 말아야겠다
37	12월20일	책 제목	감기걸린 물고기
		보물 문장 또는 나의 생각느낌	무슨 소리야, 또 감기라고?
			나도 감기 걸리지 않게 조심해야겠다
38	12월2일	책 제목	전통과학 백과
		보물 문장 또는 나의 생각느낌	다리옆에 왜 수표를 세웠나?
			나도 전통 과학에 관심을 가졌다
39	1월3일	책 제목	세계 최고, 최초 백과
		보물 문장 또는 나의 생각느낌	세계에서 가장 높은 건물은?
			나도 높은 건물에 관심이 생겼다

서점 나들이

　방학을 이용하여 서점 나들이를 해 보는 걸 추천합니다. 아이가 서점에서 스스로 책을 고르고 읽어 보고 구매하는 일련의 과정을 경험하면서 책에 대한 책임감을 느낄 수 있습니다. 책을 직접 사서 소장하면 내 책이라는 소유 의식이 생겨 좀 더 특별한 책으로 다가올 수 있지요. 빌려 보는 책처럼 깨끗하게 읽고 돌려주지 않아도 되니 아이가 책에 자신의 생각을 메모하거나 그림으로 그려도 좋습니다. 이렇듯 나만의 책이라서 가질 수 있는 특권을 온전히 누릴 수 있기에 소중한 경험이 됩니다.

가족과 함께 서점에서 시간을 보내며 책에 대한 이야기를 나누는 것은 아이의 문해력뿐 아니라 대화 능력도 향상시킬 수 있어요. 서로의 의견을 나누고 추천하는 책에 대해 자연스럽게 이야기할 수 있기 때문이지요. 더군다나 신간 서적 코너에서는 다양한 주제의 책을 통해 최근 트렌드가 반영된 새로운 정보와 지식을 습득할 수 있는데, 이는 아이의 흥미를 끌기에도 좋습니다. 아무래도 최근에 나온 책일수록 아이들의 이목을 끌만한 요소가 많기 때문이지요.

활동 방법 ···

❶ 서점에서 아이가 흥미를 느끼는 책 코너를 함께 둘러보세요.

❷ 아이가 직접 책을 고르고 구매할 수 있도록 해 주세요.

❸ 선택한 책에 대해 "왜 이 책이 끌렸는지" 자연스럽게 물어보며 대화를 나눠 보세요.

•TIP•

서점 방문 후 집에 돌아와 아이가 고른 책을 읽고, 함께 이야기를 나눠 보세요. "어떤 장면이 재미있었어?", "이 장면에서 주인공은 왜 그렇게 했을까?" 같은 질문으로 대화를 이어 나가며 아이의 생각을 자연스럽게 이끌어 낼 수 있습니다.

우리나라 지도 탐험

여름 휴가를 맞아 집이 아닌 다른 곳으로 여행을 갈 계획이 있다면, 지도를 펴고 그 지역에 대해 알려 주세요. 그리고 그 지역에 관해 미리 알 수 있는 텍스트를 조금이라도 읽어 보고 가는 것을 추천합니다. 아이들의 문해력은 실제 생활 속에서 우리가 경험하는 것들이 대화와 텍스트로 연결될 때 크게 성장합니다. 종이 지도나 지도 앱을 켜고 함께 이야기 나눠 보세요. 우리가 가려는 여행지와 우리 집이 있는 지역의 차이점은 무엇인지, 그 지역의 어느 곳에 가서 어떤 것을 보고 듣고 경험하게 될 것인지 대화해 보세요. 여행을 가려는 지역을 소개하는 사이트를 검색하거나 신문 기사, 책 등을 통해 그 지역에 대해 미리 탐험해 보세요. 예를 들어, "우리가 갈 곳은 날씨가 어떨까?", "그 지역에는 어떤 음식이 유명할까?" 같은 대화를 통해 아이가 여행지에 대한 흥미를 갖도록 유도할 수 있습니다. 아이 입장에서는 단순히 휴가를 즐기고 여행을 가는 즐거움뿐만 아니라 문해력까지 덤으로 얻는 좋은 기회가 될 거예요.

 활동 방법 ●●●

❶ 종이 지도나 지도 앱을 활용해 여행지를 찾아보고, 집과의 거리를 비교해 보세요.

❷ "여기는 어떤 특별한 점이 있을까?", "어떤 음식을 먹을 수 있을까?" 같은 질문으로 대화를 나눠 보세요.

❸ 여행 가기 전 여행지와 관련된 간단한 책이나 글을 읽어 보고, 여행에 가기 전 기대되는 점, 또는 여행지에서 체험할 일 등을 상상하여 그림으로 표현해 보세요.

❹ 여행을 다녀 온 후 기억에 남는 여행지 장면이나 체험한 일 등을 떠올리며 그림과 간단한 문장으로 표현해 보세요.

•TIP•

여행 중간중간 짧은 기록을 남겨 보세요.
"오늘 가장 기억에 남는 장소는 어디였어?", "여행지에서 가장 맛있었던 음식은 뭐야?" 같은 질문에 답을 적거나 그림으로 표현하도록 유도해 보세요. 작은 수첩을 들고 다니면서, 또는 스마트폰 메모장 기능을 활용해서 순간의 기록을 남기도록 하면 아이가 좀 더 자신의 느낌과 경험에 집중할 수 있습니다.
이는 여행을 다녀온 후 정리 활동을 할 때도 많은 도움이 된답니다.

인물 탐구 활동

학교에서 통합교과 시간 중 '사람들'을 공부하는 경험과 연결하여 인물 탐구 활동을 해 보면 좋아요. 아이들이 학교에서 배웠던 내용을 바탕으로 집에서 하는 즐거운 활동들을 통해 사고력을 넓히고 문해력도 신장시켜 줄 수 있는 재미있는 활동입니다. 집에서 따라 하기 굉장히 쉬우면서 약간의 대화와 활동만으로 문해력도 자극할 수 있는 좋은 활동이에요.

가족 탐구 카드 만들기

우리 가족 구성원의 특징을 살려 가족을 소개하는 카드를 만들어 보세요. 아이들이 우리 가족을 깊이 있게 탐색할 수 있어요. 예를 들어, 아빠의 생김새에서 특이한 점을 찾아 쓴다면 아빠의 모습을 자세히 관찰하고 묘사하여 이를 언어로 표현할 수 있습니다. 이런 방식으로 사람들을 탐구하고 이를 언어로 표현하면서 아이의 관찰력과 표현력을 키워 주는 기회를 줍니다.

❶ 준비물: 빈 카드나 종이, 색연필, 펜
❷ 가족 구성원 중 한 명을 선택하여 관찰하고 기록합니다.
❸ 아이와 함께 질문을 바탕으로 대화를 나누며 내용을 채웁니다.

> **TIP**
> 직접 질문할 수 없는 상황이라면 대신 질문을 던지며 힌트를 주세요.
> "아빠는 요즘 뭐 하실 때 가장 행복해 보일까?", "엄마가 잘 하는 게 뭐가 있을까?" 같은 질문으로 가족 구성원을 탐구하고, 관찰한 내용을 카드에 적어 보세요.

카드에 그림을 그리고 꾸미며 즐겁게 활동하세요. 글로 표현하지 못한 부분은 그림으로 나타낼 수 있어요.

할아버지 탐구 카드

이름 할아버지 _____

생김새 머리가 하얗고 키가 크시다. 웃을 때 목소리가 크시다.

특징 바둑을 좋아하시고, 항상 손톱을 깔끔하게 다듬으신다.

좋아하는 것 텃밭에서 채소 가꾸기, 신문 읽기

싫어하는 것 TV 소리가 너무 작은 것

잘하는 것 바둑 두기, 텃밭에서 채소 가꾸기

못하는 것 스마트폰 사용하는 것

해 주고 싶은 말 "할아버지, 다음에는 저도 바둑 가르쳐 주세요!"

엄마 탐구 카드

이름 엄마 _____

생김새 긴 머리에 안경을 쓰셨다. 웃을 때 보조개가 생긴다.

특징 아침에 커피를 꼭 드신다. 요리를 정말 잘하신다.

좋아하는 것 꽃 가꾸기, 산책하기, 엄마 친구분들 모임 가기

싫어하는 것 방이 어지럽혀진 것

잘하는 것 요리

못하는 것 높은 곳에 있는 물건 잡기

해 주고 싶은 말 "엄마, 저도 요리 잘하고 싶어요!"

가족사진 찍기

요즘은 인생네컷과 같은 즉석 사진 촬영하는 곳도 많이 있잖아요. 이런 곳에서 가족사진을 함께 찍어 보며 좋은 시간을 보내며 이 활동을 하면서 대화를 통해 언어 표현할 기회를 만들어 보세요. 다양하고 재미있는 콘셉트로 사진을 찍으면서 재미도 느끼고 이때 생각나는 표현들을 다양하게 말해 보도록 하는 것이지요. 대화가 많아지고 언어로 나오는 말이 많아지면서 표현력을 기르는 데 좋은 자극이 될 수 있어요. 어떤 콘셉트로 찍으면 우리 가족의 특징이 잘 드러날 것 같은지 얘기를 나눠 보면서 통합교과 수업 시간에 '사람들' 중 '가족'에 대해 깊이 알고 탐색하는 공부도 함께 이루어질 수 있습니다. 인화된 즉석 사진 밑에 날짜와 그날의 기분을 네임펜으로 적어 둔다면 더욱 특별한 일이 되겠지요?

❶ 가족과 함께 즉석 사진 촬영기를 이용해 다양한 콘셉트로 사진을 찍어 보세요.

❷ 찍은 사진 아래에 간단한 날짜와 그날의 기분을 적어 기록을 남기세요.

> **TIP**
>
> 활동 중 아이와 대화를 많이 나누어 주세요.
> 어떤 콘셉트로 하면 좋을지, 우리 가족의 어떤 모습이 담겼으면 좋을 것 같을지 대화를 나누면서 즐겁고 활발하게 소통하세요.

감정 탐구 활동

아이들은 다양한 감정을 나타내는 어휘를 익히는 것이 중요합니다. 자신의 감정을 세밀하게 언어로 표현하는 능력은 문해력과 직결되기 때문입니다. 하지만 요즘 아이들은 기분이 좋든 나쁘든 제한된 표현만 사용하는 경우가 많습니다. 아이들이 다양한 감정 어휘를 익혀 자신의 감정을 더 명확히 표현할 수 있도록 도와주세요. 어릴 때부터 자신의 감정을 잘 들여다보고 이를 풍부한 언어로 표현하는 습관을 길러야 합니다.

이는 감정 관련 문해력을 높일 뿐만 아니라 타인의 감정을 공감하는 능력도 키워 줍니다. 초등학생이 알아 둬야 할 여러 가지 감정 단어를 소개합니다.

학교에서 자주 쓰는 감정 단어

초등학교 교실에서 아이들과 생활하면서 듣게 되는, 1~2학년 아이들이 자주 사용하는 단어들은 주로 아래와 같아요.

기뻐요 재미있어요 즐거워요 행복해요 **신나요** 좋아요 슬퍼요 속상해요 **심심해요** 억울해요 아파요 짜증나요 **힘들어요** 멋져요 무서워요 **떨려요** 놀랐어요 웃겨요 **미안해 고마워 사랑해**

> **TIP**
>
> 짱, 헐, 대박, 미쳤다 → 아이들이 자주 쓰지만 별로 권하지는 않아요.

초등 1~2학년 때 써먹기 좋은 감정 단어

이 시기의 아이들은 쉽고 구체적인 감정 단어를 주로 익히다가 점차 수준을 올려서 추상적인 감정 단어들도 조금씩 접할 수 있게 해 주면 좋아요.

안심돼요 편안해요 **뿌듯해요** 자랑스러워요 반가워요 설레요 아쉬워요 **서운해요** 우울해요 **답답해요** 두려워요 걱정돼요 불안해요 긴장돼요 **외로워요 든든해요** 씩씩해요 짜릿해요 시원해요 **섭섭해요 창피해요** 부끄러워요 **실망했어요** 용감해요

> **•TIP•**
>
> 평소에 아이들이 자신의 감정을 말로 표현하는 연습을 할 수 있게 해 보세요. "나는 지금 신나요. 왜냐하면 ~ 하기 때문이에요"라는 방식으로 이야기하는 습관을 들이면 어떨까요?

📖 추천 도서

○ **아홉 살 마음 사전(박성우/창비)**

감정 어휘에 대한 설명과 그 감정이 드는 상황 예시를 아이들 눈높이에서 제시하는 책.

🌱 추천 교구

○ **감정카드(인사이트 공감대화카드)**

감정을 어떤 단어로 표현해야 할지 모를 때 카드에서 찾아보도록 하면서 감정을 알맞은 어휘로 표현할 수 있게 도와주는 카드.

○ **옥이샘의 감정툰 자석칠판**

감정 어휘가 적혀 있고 자석으로 되어 있어 냉장고나 칠판 등에 붙여 놓고 아이가 자신의 감정에 해당하는 칸에 이름을 옮겨 붙이며 감정을 들여다볼 수 있게 해 주는 교구.

감정카드

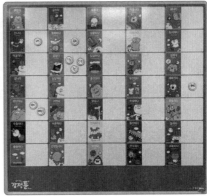

옥이샘의 감정툰 자석칠판

2학기
문해력 심화 활동

　짧다면 짧고, 길다면 길 여름방학이 끝나고 2학기가 시작되었습니다. 1학년 1학기 때는 입학한 지 얼마 안 되어 모든 것이 낯설고 한글도 미숙하여 혹시나 놓치는 것이 없을지 긴장되는 학교생활이었을 텐데요. 이제는 학교도 제법 익숙하고 한글도 잘 알게 되었으니 아이들이 이전보다 훨씬 능숙하고 의젓한 모습으로 당당하게 학교생활을 하는 법을 익히게 됩니다.

　따라서 이러한 시기에 적합한 문해력 향상 활동을 통해 한글을 좀 더 세밀하게 다지고, 학교 수업이나 생활 속에서 이를 친숙하게 활용하도록 도와주세요.

받아쓰기

2학기 때는 받아쓰기를 하면 좋습니다. 1학기 때 한글을 어느 정도 뗐기 때문에 이를 바탕으로 음성으로 알고 있는 글자를 쓰기로 연결시키는 것입니다. 한글을 어느 정도 뗐지만, 아직 정확도가 떨어져서 헷갈리는 문자들을 점검하기에도 매우 좋은 방법이지요. 그래서 받아쓰기는 중요한 한글 공부 중의 하나로 꾸준히 해 온 활동입니다. 집에서도 간단하게 받아쓰기를 하면서 맞춤법 점검도 하고 쓰기 능력도 길러 보세요.

활동 방법

[워크북 4] 받아쓰기 활동지 13페이지 수록

❶ 하루에 5~10개의 단어를 받아쓰기로 연습해 보세요.

❷ 아이가 쓴 글자를 함께 점검하며 틀린 부분은 왜 틀렸는지 대화를 나눕니다.

❸ 간단한 문장 받아쓰기를 통해 문장 구성과 띄어쓰기도 자연스럽게 익히게 도와주세요.

TIP

받아쓰기 활동은 규칙적으로 진행하는 것이 중요합니다.
재미를 더하기 위해 받아쓰기가 끝난 후 점수를 매기고, 작은 보상을 주는 것도 동기부여에 효과적이에요.

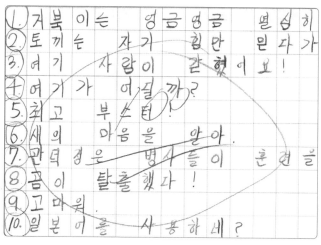

받아쓰기 높은 단계

그림일기 전시회

여름방학 동안 그림일기를 열심히 써 보았나요? 여러 그림일기 중에 특히 기억에 남고 잊지 못할 순간을 기록한 그림일기를 골라서 전시해 봅시다. 집 안 한쪽 벽에 전시회장처럼 그림일기 전시회를 열어 보는 겁니다. 그리고 왜 이 작품을 골랐는지 함께 이야기를 나눠 보는 거예요. 아이와 함께 그림일기를 되돌아보고 더 좋은 그림일기를 쓸 수 있게 자극을 주는 것이지요.

✍ 그림일기 쓰는 법에 대한 자세한 설명은 '4장. 일상 속에서 그림일기 쓰기'에서 소개할게요.

❶ 아이가 쓴 그림일기 중에서 몇 장을 골라 함께 살펴보세요.

❷ "이 그림일기를 왜 골랐니?" 하고 물으며 아이와 대화를 나눕니다.

❸ 전시회처럼 거실이나 벽에 그림일기를 쭉 붙여 두고 가족 모두

　가 감상하며 칭찬과 격려의 말을 나눕니다.

> **TIP**
>
> 전시회를 마친 후, 아이가 개선하고 싶은 점이나 앞으로 쓰고 싶은 주제를 물
> 어보세요.
> 그림일기를 단순히 쓰는 활동으로 끝내지 않고 발전할 수 있는 기회로 만들어
> 주세요.

추석 명절 놀이하기

　2학기 중에는 추석 명절이 있지요? 이때 우리나라의 전통 명절 풍습을 알고 즐길 수 있다면 참 좋겠지요. 그래서 학교에서도 추석이 다가오는 주간에는 우리나라 전통 음식, 풍습 등을 함께 공부하는 시간을 갖습니다. 그중에서도 특히 전통놀이를 배우는 시간은 아이들이 가장 즐거워하는 시간 중 하나입니다. 추석을 맞이한 겸 집에서도 아이와 함께 전통놀이를 즐겨 보는 시간을 가져 보면 어

떨까요? 학교에서 배운 내용이 집에서도 대화와 텍스트로 연결되면서 즐거운 문해력 공부가 될 수 있습니다. 요즘 아이들에게 물어보면 의외로 전통놀이의 규칙을 모르는 경우가 많아요. 그런데 막상 규칙을 알려 주고 놀이를 하기 시작하면 굉장히 즐겁게 놀이에 참여합니다. 명절 기간에 스마트폰만 보는 것보다 백배 낫지요?

그중에서도 가장 추천하는 놀이는 윷놀이입니다. 설날 아니라 추석이라서 원래는 맞지 않지만 아이들의 발달 시기를 고려해 봤을 때 이 시기에 윷놀이하는 걸 추천드려요. 윷놀이의 규칙은 제기차기나 투호 등과 같은 놀이에 비해 다소 복잡하기도 하고, 각각의 상황별로 말이 어디에 놓였느냐에 따라 전략을 짜야 하며 팀원들과의 협동과 소통도 중요하게 작용하는 놀이이기 때문에 이 시기에 다양한 능력들을 향상시키기에 최고입니다. 아이와 윷놀이하면서 문해력도 키우는 일석이조의 시간을 가져 보세요!

⌛ 추천 활동

- **규칙 배우기** 윷놀이의 기본 규칙을 아이와 함께 배우며, 게임의 흐름을 이해하게 돕습니다.
- **전략 세우기** 윷놀이의 다양한 상황에서 전략을 세우는 연습을 통해 사고력을 자극합니다. 예를 들어, '윷, 모, 개'가 나왔을 때 어떤 순서로 어떻게 말을 움직일 것인지, 말을 두 개 합쳐서 이동할 것인지 하나의 말을 멀리 이동할 것인지 스스로 생각하고 판단하고 경험하게 해 보세요.

○ **협동과 소통** 팀을 나누어 놀이하며 협동심과 대화 능력을 키웁니다. 우리 팀을 응원하며 결속을 다지고 설령 우리 팀이 지더라도 즐겁게 참여하도록 도와주세요.

•TIP•

윷놀이가 익숙해지면 간단한 내기를 걸어 긴장감과 재미를 더해 보세요. 예를 들어, "이기면 원하는 간식을 먹기" 같은 작은 목표를 설정하면 놀이가 더욱 즐거워질 겁니다.
또 게임의 규칙을 잘 지키고 다 같이 즐겁게 참여하며 가족 간의 화합을 위한 활동이므로 아이가 지나치게 승부에 연연하지 않고 게임에 임하는 태도를 기르도록 도와주세요.

겨울방학
문해력 심화 활동

    드디어 겨울방학이 되었습니다. 1학년 학교생활을 무사히 마친 우리 아이들에게 수고했다고 큰 박수를 보내 주세요. 그리고 소중한 휴식의 시간 동안 아이와 함께 어떤 활동을 할지 고민해 볼까요? 겨울방학은 1학년 내용을 총정리하고 2학년을 준비하기에 아주 좋은 시기입니다. 특히 2학년부터는 문장의 의미를 이해하고 자유롭게 쓰는 공부를 시작하기 때문에 그 밑바탕이 될 만한 활동을 함께 해 보면 좋아요.

    겨울방학에는 도서관에서 추천 도서를 찾아 읽어 보고, 영화나 연극을 통해 문해력을 키우는 활동을 해 보세요.

아이가 다른 사람에게 책 읽어 주기

스스로 책을 읽을 수 있고, 더 나아가 다른 사람에게 책을 읽어 주는 활동도 가능해졌을 겁니다. 이 시기에 아이가 다른 사람에게 직접 책을 읽어 주는 활동을 해 보세요.

1학년 말이 되면 이제 문장을 구성해서 표현하는 능력까지 갖출 수 있도록 하는데 이때 문장을 자주 읽어 보고 문장 구조를 눈에 익히게 하는 것이 중요해요. 아이가 책을 읽어 주면 문장 구조를 자연스럽게 익힐 수 있습니다.

단순히 문자만 읽는 것이 아니라, 의미와 느낌을 전달하려 노력하다 보면 목소리 억양을 조절하고 감정을 표현하는 연습을 하게 돼요. 더불어 책을 읽어 주는 과정은 아이가 독서를 일상의 일부로 만들게 하는 데 효과적입니다. 또 자신의 목소리로 이야기를 전달하며 성취감을 느끼고 발표력과 자존감도 함께 성장하는 효과도 있습니다.

활동 방법 ●

❶ 매일 저녁 10~15분 정도 아이가 가족에게 책을 읽어 주는 시간을 만들어 보세요.

❷ 읽기가 끝난 후 "정말 재밌게 읽어 줘서 고마워!" 같은 칭찬을

아끼지 마세요.

> **⟨ TIP ⟩**
>
> 그림책 중에 글이 없고 그림으로만 구성된 책들도 있습니다. 그런 책도 염려하지 말고 읽어 달라고 하세요. 글자가 없으면 아이가 그림을 보고 스스로 이야기를 만들어 나갈 수 있게 해 주세요. 그림만 보고 상상한 내용과 생각을 편하게 읽어 주어도 된다고 해 주시면 아이가 스스로 이야기를 재미있게 지어서 알려 줄 겁니다. 그 과정 또한 아이의 상상력과 창의력을 자극할 수 있는 매우 유익한 활동입니다.

📖 추천 도서

▶ **1학년 말 책 읽어 주기 좋은 그림책 추천 목록**

○ 내 이름은 제동크(한지아/바우솔)

○ 절대로 누르면 안 돼!(빌 코터/북뱅크)

○ 지각대장 존(존 버닝햄/비룡소)

○ 누가 내 머리에 똥 쌌어?(베르너 홀츠바르트/사계절)

○ 구름빵(백희나/한솔수북)

○ 강아지똥(권정생/길벗어린이)

○ 우리 아빠(앤서니 브라운/웅진주니어)

○ 솔이의 추석 이야기(이억배/길벗어린이)

○ 괴물들이 사는 나라(모리스 샌닥/시공주니어)

○ 비 오니까 참 좋다(오나리 유코/나는별)

▶ 그림만 있는 그림책 추천 목록

○ 눈사람 아저씨와 눈강아지(레이먼드 브리그스/마루벌)

○ 노란 우산(류재수/보림)

○ 이상한 자연사 박물관(에릭 로만/미래아이)

○ 왜?(니콜라이 포포프/현암사)

○ 그림자 놀이(이수지/비룡소)

○ 여름이 온다(이수지/비룡소)

○ 꿀! (아서 가이서트/사계절)

○ 비밀의 숲 코끼리 나무(프레야 블랙우드/미디어창비)

○ 발자국을 따라가 볼까요?(제르다 뮐러/파랑새)

○ 하늘을 나는 모자(로트라우트 수잔네 베르너/보림)

○ 쩌저적(이서우/북극곰)

영화, 연극 감상

겨울방학과 연말, 연초 시즌에는 다양한 공연이 많이 열립니다. 이 기회에 가족이 함께 영화나 연극을 감상해 보는 건 어떨까요? 아이들이 좋아하는 어린이 공연도 좋고 부모 동반으로 어린이도 함께 볼 수 있는 다소 수준 높은 작품도 좋습니다. 아이와 함께 상의하면서 좋은 공연을 골라 관람하고 이를 통해 아이의 문해력을 자극함은 물론 예술적 감수성까지 키우는 기회로 만들어 보세요.

책을 공연으로 보기

요즘은 소설이나 동화와 같이 책으로 먼저 나온 작품을 공연으로 제작하는 경우가 많이 있습니다. 아이가 즐겁게 읽은 동화책이 공연으로 만들어졌다면 함께 관람해 보세요. 책에서 느꼈던 느낌과 공연으로 느낀 부분에 차이가 느껴질 겁니다. 또 내가 책으로 읽으면서 상상했던 부분과 공연에서 시각화된 부분도 어떠한 차이가 있는지 생각해 볼 수 있는 계기가 되기 때문에 아이들의 상상력을 자극하기에 충분하지요

🎬 추천 공연

슈퍼 거북, 무지개 물고기, 100층짜리 집, 알사탕, 누가 내 머리에 똥 쌌어?, 콧구멍을 후비면, 강아지똥, 앤서니 브라운의 우리 가족 & 난 책이 좋아요, 책 먹는 여우, 호두까기 인형, 오즈의 마법사, 알라딘, 콩쥐팥쥐, 어린왕자, 성냥팔이 소녀, 피터팬, 해와 달이 된 오누이, 백설공주, 피노키오, 아기 돼지 삼형제 등

공연 포스터 따라 그리기

모든 공연에서 포스터는 그 공연의 여러 느낌을 한눈에 드러나도록 시각화한 중요한 매개물입니다. 공연 포스터나 팸플릿, 티켓 등을 보고 따라 그리는 활동을 추천해요. 보고 따라 그리는 활동만으로도 아이들이 전반적인 스토리를 상상하고 정리하는 데 많은 도움이 됩니다. 더 나아가 나만의 포스터를 제작해 본다거나 팸플

릿, 티켓 등을 디자인해 보는 활동도 좋습니다. 이런 활동은 아이들이 그 공연에서 강조하고 싶은 부분을 드러내서 아이의 성향이나 마음을 좀 더 알게 되는 계기가 될 수 있어요.

❶ "이 공연에서 가장 기억에 남는 장면을 표현해서 공연 포스터처럼 만들어 볼까?" 하고 물으며 아이의 뇌를 자극해 보세요.

> **TIP**
>
> 활동 전 아이와 자유롭게 이야기 나누는 시간을 꼭 가져 보세요. "어떤 장면이 제일 재밌었어?", "어떤 점이 기억에 남아?", "사람들에게 이 공연을 꼭 보라고 추천하려 한다면 어떤 점을 강조하는 게 좋을 것 같아?" 같은 질문으로 대화를 이끌어 보세요.

공연 후기 쓰기

공연이 끝난 후 기억에 남는 장면이나 캐릭터에 대해 간단히 적어 보는 것도 추천합니다. 아이가 공연에서 무엇을 느꼈는지 대화를 나누며 문해력을 키워 보세요. 이를 '공연 관람 기록-공연 속의 보물 같은 장면 기록 형식'으로 간단하게 기록을 남기는 것도 좋습니다. 가정에서도 쉽게 지도할 수 있는 '공연 관람 기록하기 서식'을 공유합니다.

관람 날	공연 관람 기록	
월 일	공연 제목	
	보물 장면 또는 나의 생각, 느낌	
월 일	공연 제목	
	보물 장면 또는 나의 생각, 느낌	
월 일	공연 제목	
	보물 장면 또는 나의 생각, 느낌	
월 일	공연 제목	
	보물 장면 또는 나의 생각, 느낌	

1학년 초등 교실과 가정에서 검증된
1학년 맞춤, '느낌을 나타내는 낱말 찾기'부터
'상상을 담은 동시 쓰기'까지
현실적이고 효과적인 문해력 글쓰기를 소개합니다.

4장

집에서 하는
1학년
문해력 글쓰기

초등학교 저학년은 글쓰기를 매우 어려워하고 부담을 느끼는 시기입니다. 그래서 담임선생님이 글쓰기를 하자고 하면, "또요? 안 하면 안 되나요? 쓸 이야기가 없어요.", "얼마나 써야 하나요? 몇 줄 써야 해요? 이거 다 채워야 하나요?"라고 말합니다.

초등학교 1학년 학생에게 글쓰기를 가르치는 것은 더욱 어려운 일입니다. 하지만 학생들이 흥미를 느낄 수 있는 글쓰기 소재를 제시하고 다양하고 효과적인 방법을 활용해 글을 쓰게 한다면 1학년 학생도 글쓰기를 잘할 수 있습니다. 1학년에게 맞는 글쓰기 소재와 방법은 무엇이 있을지 알아보도록 하겠습니다.

글쓰기에 친숙해지는
1학기

    1학년 1학기는 학생들이 아직 한글을 완벽하게 습득하지 못한 시기이기 때문에 글쓰기 소재를 너무 어렵게 제시하면 글쓰기를 두려워할 수 있습니다. 이 시기는 글쓰기를 말하기와 같은 표현 활동이라는 개념으로 출발해야 합니다. 말이 글이 된다는 것을 알려주는 것에 집중해야 해요. 긴 문단보다는 낱말이나 짧은 문장을 표현하는 것에 초점을 맞추고 글쓰기를 놀이처럼 느낄 수 있는 활동을 제시하면 됩니다. 또한 추상적인 감정을 구체적이고 감각적으로 표현하는 연습을 하면 좋습니다. 1학년 1학기에 적합한 여러 가지 활동을 알아볼게요.

느낌을 나타내는 낱말 찾아보기

1학년 시기는 자신의 기분이나 느낌 등 감정을 나타내는 표현이 매우 다양하다는 것을 알아내는 것도 어려워해요. 아이들에게 감정을 나타내는 표현이 많다는 것을 알려 주어야 합니다. 아이들은 기분을 나타낼 때 단순하게 '재미있었다, 기뻤다, 슬펐다. 지루했다.'처럼 단순한 말로 나타내는 경향이 있는데 마인드맵을 활용하여 다양한 표현을 생각해 낸다면 글은 더욱 다채로워집니다. '기쁘다, 슬프다, 신난다, 우울하다, 재밌다, 지루하다.' 등 여러 감정을 다양하게 나타내는 연습을 해 봅시다.

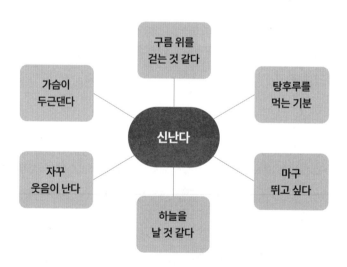

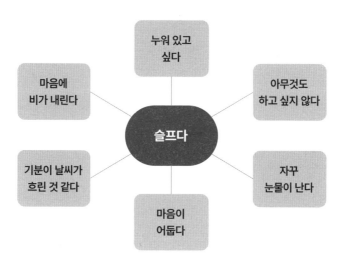

○ 다음을 한 번 채워 볼까요?

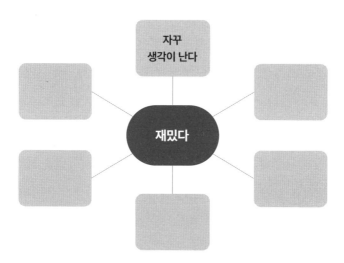

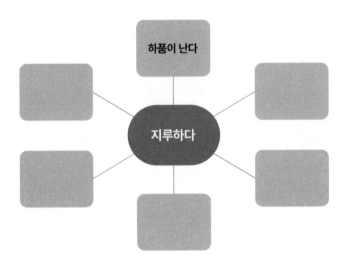

그림책 등장인물에게 하고 싶은 말 쓰기

초등학교 저학년은 그림책을 많이 보는 시기입니다. 그림책은 글의 양에 따라 그림만 있는 그림책, 글이 적은 그림책, 글이 많은 그림책으로 나눌 수 있는데 1학년은 그림만 있거나 글의 비중이 적은 책을 선호해요. 아이가 재밌는 그림책을 읽고 등장인물에게 하고 싶은 말을 글로 써 보도록 하는 것은 아이의 사고력을 확장시키고 표현력을 향상시키는 좋은 방법입니다. 아이들이 좋아하는 그림책을 선정하여 함께 읽어 보고 등장인물에게 하고 싶은 말을 해 봅시다.

질문	하고 싶은 말
'괴물들이 사는 나라'의 주인공 맥스에게 하고 싶은 말을 해 볼까요?	맥스야, 네가 괴물들이랑 축제하는 모습이 재밌었어. 나도 괴물 나라 축제에 참여하고 싶어.
'알사탕' 그림책의 동동이처럼 신기한 알사탕을 먹게 된다면 여러분은 어떤 소리를 듣고 싶나요? 또는 누구의 마음의 소리를 듣고 싶나요?	저는 태어난 지 한 달밖에 되지 않은 동생의 마음의 소리를 듣고 싶어요. 동생은 울기만 해서 답답하거든요.
'지각대장 존'을 읽고 내가 존이라면 존의 말을 믿어 주지 않는 선생님에게 어떤 말을 하고 싶나요?	선생님, 저 거짓말쟁이 아니거든요. 어린이 말을 믿지 않는 선생님이 거짓말쟁이에요.

○ 백희나 작가의 『구름빵』을 읽고 등장인물에게 하고 싶은 말을 해 볼까요?

질문	하고 싶은 말
회사에 늦어 급하게 뛰어나가는 아빠에게 어떤 말을 하고 싶나요?	
형제에게 구름빵을 받고 회사에 늦지 않은 아빠에게 어떤 말을 하고 싶나요?	
지붕 위에 앉아 구름빵을 먹는 형제에게 하고 싶은 말은 무엇인가요?	

잊지 못할 추억을 남기고
기록하는 여름방학

　초등학교에 와서 처음 맞는 여름방학은 학생들에게 남다른 의미일 것입니다. 이때 가족과 함께했던 여행이나 시간은 평생 잊지 못하는 추억이 되겠죠. 이러한 추억의 느낌을 살려 글로 남겨 보도록 한다면 여름방학이 한층 소중한 시간이 될 거예요. 하지만 아이들이 일어난 일을 자세하게 쓴다는 것은 쉽지 않은 일입니다.

　부모님이 글쓰기의 방향을 친절하게 제시하면 아이들의 글은 한결 나아질 거예요. 여름방학의 일을 효과적으로 글로 쓰는 방법과 놀이처럼 글쓰기를 하는 방법에 대하여 생각해 봅시다.

오감을 이용한 글쓰기

사람에게는 시각, 청각, 후각, 미각, 촉각까지 다섯 가지의 신체 감각이 있습니다. 사람이 생활하며 여러 가지 일을 겪을 때 하나의 감각만 반응하는 것은 아닙니다. 사람은 보는 것, 듣는 것, 냄새 맡는 것, 맛을 느끼는 것, 피부로 느끼는 것이 서로 영향을 주고받으며 동시에 작용하기도 해요. 학생이 글을 쓸 때 "그때 무엇이 보였어? 무엇이 들렸어? 어떤 향기가 났어? 맛은 어땠어? 무엇이 느껴졌어?"라고 오감을 자극하는 질문을 던져 주세요. 저학년 때부터 오감을 이용한 글쓰기가 습관화된다면 글을 한층 풍성하게 만들고 글쓰기 요소가 많아지는 효과를 가져옵니다. 오감을 활용한 글쓰기 단계를 예로 들어보겠습니다.

예시

바다에서 물놀이를 했던 경험이 있나요? 그때의 느낌을 한번 떠올려 봅시다.

1. 어디서 놀았나요? 제주도 바다에서 놀았어요.
2. 바다의 색깔은 어땠나요? 연한 하늘색과 똑같았어요.
3. 바다의 냄새는 어땠나요? 물고기 냄새가 났어요.
4. 물놀이를 하며 바다의 맛을 보았나요? 물놀이를 하다가 바닷물을 맛보았는데 무척 짰어요.
5. 바다에서 놀 때 무슨 소리를 들었나요? 철썩거리는 파도 소리가 났어요.

사물이나 생명에 별명 붙여 보기

저학년 학생들은 어른들이 미처 상상하지 못하는 기발함을 가지고 있습니다. 똑같은 사물을 보더라도 아이들은 저마다의 눈으로 사물을 바라보기에 어린이가 가진 순수한 시각으로 바라볼 때가 있습니다. 다른 사람들은 미처 생각하지 못한 기발함을 우리는 '참신함'이라고도 부르죠. 이는 글을 새롭고 매력적으로 보이게 하는 중요한 요소로 글쓰기 능력뿐 아니라 아이들의 상상력과 창의력을 길러 주기도 합니다.

사물이나 생명에 별명 붙여 보는 활동을 하는 것은 아이들이 글쓰기를 놀이처럼 느끼고 재미있게 참여하면서 참신한 표현을 찾아볼 수 있는 방법입니다. 예를 들어, '지우개'를 '연필 비누'라고 별명을 붙여 봅시다. 더러워진 얼굴이나 몸을 씻는 비누처럼 지우개가 잘못 쓰거나 더러워진 종이를 깨끗하게 만들어 주기에 '연필 비누'라고 부른다면 아마도 많은 사람들이 공감하고 신선하게 생각할 것입니다. 이외에도 스마트폰을 '시간 지우개', 얼굴이 빨간 친구를 '볼 빨간 사춘기'라고 부른다면 재미있는 활동이 될 것입니다. 여기서 주의할 점은 사람에게 별명을 붙일 때 상대방이 기분 나빠하거나 불쾌할 수 있는 별명을 붙여서는 안 된다는 것입니다. 모두가 기분 좋게 웃을 수 있는 별명이나 별칭을 생각해야 한다는 것에 주의해야 합니다.

예시

낱말에 별명 붙여 보기

○ **스마트폰** ⋯ 시간 지우개

○ **아빠** ⋯ 근육맨

○ **엄마** ⋯ 미소천사

○ **유튜브** ⋯ 궁금증 해결사

○ **도서관** ⋯ 세상 지식창고

○ **학교** ⋯ 공부 놀이터

○ **책** ⋯ 수면 유도제

○ **올리브영** ⋯ 외모 가꾸기 백화점

○ **탕후루** ⋯ 당 보충제

다음 낱말에 별명을 붙여 봅시다.

○ **마라탕** ⋯▸

○ **선생님** ⋯▸

○ **학원** ⋯▸

○ **수학** ⋯▸

○ **수업 시간** ⋯▸

○ **강아지(고양이)** ⋯▸

○ **동생** ⋯▸

○ **체육시간** ⋯▸

○ **도서관** ⋯▸

○ **동물원** ⋯▸

○ **교과서** ⋯▸

○ **단원평가** ⋯▸

○ **영어** ⋯▸

○ **방과후수업** ⋯▸

○ **실내화** ⋯▸

○ **점심시간** ⋯▸

○ **아이스크림** ⋯▸

○ **핸드폰** ⋯▸

○ **유튜브** ⋯▸

○ **놀이터** ⋯▸

○ **보드게임** ⋯▸

○ **사탕** ⋯▸

한 편의 짧은 글을 써 보는 2학기

초등학교 1학년 2학기는 학생들이 한글을 떼고 자신의 생각을 글로 표현할 수 있는 시기입니다. 학교에서도 1학년 2학기에 그림일기를 써 보도록 하고 있습니다. 이때는 낱말이나 문장 쓰기에서 하나의 생각과 느낌을 나타낼 수 있는 한 편의 짧은 글을 완성하는 것에 중점을 두어야 합니다. 또한 이 시기는 상상한 것을 마음껏 써 보도록 하는 것도 좋습니다. 아이들은 자신의 생각이나 상상을 표현하고 싶어 하니까요. 학생들이 흥미를 가지고 적극적으로 참여할 수 있는 여러 가지 글쓰기를 살펴보도록 해요.

일상 속에서 그림일기 쓰기

1학년 아이들은 '그림일기 쓰기'부터 시작해야 합니다. 하루 중 있었던 일을 자유롭게 그림으로 나타내고 그에 대한 설명을 간단하게 문장으로 써 보는 것은 매우 중요한 활동입니다. 아이들은 글쓰기는 부담스러워해도 그림 그리기는 좋아해서 그림을 그리는 동안 자신의 하루를 떠올려 보고 생각과 느낌

을 나타낼 수 있기에 자연스럽게 글로도 표현할 수 있습니다. 그림을 그리는 동안 어떤 내용을 쓸지 고민하게 되는 것이지요. 지금은 학교에서 그림일기를 검사하는 경우가 드물지만, 가정에서도 충분히 할 수 있는 활동입니다. 분량은 다섯 문장 정도로 유지될 수 있도록 하면 됩니다.

❶ 하루 동안 있었던 일을 떠올리고 글감 정하기: 하루 중 기억하고 싶은 일을 쓰세요. 단순 반복되는 일은 쓰지 마세요(양치하고 밥을 먹고 등등). '나는', '오늘'이라는 말은 꼭 필요한 경우가 아니면 쓰지 않아요.

❷ 날짜, 요일, 날씨 쓰기: 날씨는 창의적으로 자세히 씁니다.

　예 해 ⋯ 해님이 방긋

❸ 일기 내용에 알맞게 그림 그리기: 일기 내용이 드러나도록 특징을 살려 크게 그립니다(바탕은 색칠하지 않는 걸 추천해요).

❹ 겪은 일과 생각이나 느낌 쓰기: 생각이나 느낌은 사이사이에 써도 되고 가장 끝에 써도 돼요. 읽어 보고 고칠 곳이 있으면 고쳐 씁니다.

> **•TIP•**
>
> 맞춤법, 띄어쓰기에 최대한 맞춰 쓰되 크게 강조하지 마세요. 그보다는 내용을 솔직하고 자세하게 쓰는지에 초점을 두도록 해 주세요.

'질문하고 답하기' 놀이

글을 잘 쓰는 아이들은 일어난 일이나 사실, 자신의 생각과 느낌 등을 구체적이고 사실적으로 쓸 줄 아는데 이러한 능력은 어릴 때부터 길러 주어야 더욱 효과적인 능력입니다. 초등학교 저학년의 학생들은 자신의 기분을 흔히 '좋았다, 슬펐다, 재미있었다, 지루했다, 힘들었다.' 등 막연한 낱말로 나타내고는 하는데 이러한 습관은 학년이 올라가도 잘 변하지 않습니다. 예를 들어, '현장학습'이라는 소재로, '현장학습을 다녀온 느낌과 생각을 글로 써 보세요.'라는 주제를 제시해 줄 때 대부분 '매우 재밌었다. 즐거웠다.'라는 식으로 글을 쓰기 쉬워요. 이때 꼭 이러한 조언과 질문을 해 주어야 합니다.

"어떤 면에서 즐거웠니?"

"그러한 생각이 들었던 일이나 장면을 글로 한번 써 볼래?"

"그때 너는 무슨 말을 했었어?"

"그때 어떤 생각이 들었어?"

이러한 질문은 아이들의 글을 풍성하고 구체적으로 만들어 줄 것입니다. 가정에서 글쓰기를 지도할 때 아이와 함께 '질문하고 답하기' 놀이를 해 보세요. 그리고 질문에 대한 답을 바탕으로 이어서 나타내는 연습을 해 보세요.

지난 주말에 있었던 일에 대하여 답해 봅시다.

질문하기	답하기
주말에 뭐했어요?	외할머니 집에 다녀왔어요.
외할머니 집은 어디에 있나요?	서울에 있는데요. 집에서 20분 정도 걸려요
외할머니 집에는 언제 갔나요?	2시에 갔어요.
외할머니 집에는 누구와 갔나요?	부모님이랑 갔어요.
외할머니 집에는 왜 갔나요?	외할머니가 생신이셔서 생신 파티를 하러 갔어요.
외할머니 집에서 무엇을 했나요?	중국집에서 맛있는 음식을 시켜서 먹었어요. 생일 케이크도 먹었어요. 사촌 동생도 와서 같이 TV를 보며 놀았어요.
외할머니 집에는 누가 있었나요?	외할아버지, 외할머니, 엄마, 아빠, 삼촌, 외숙모, 외사촌 동생이 있었어요.
외할머니 집에서 얼마나 있었나요?	4시간 정도 놀았어요. 집에 오니 7시였어요.
외할머니 집에 다녀오고 어떤 생각이나 느낌이 들었나요?	외할머니가 오래 사셨으면 좋겠다는 생각을 했어요. 오랜만에 외사촌 동생을 보니 무척 반가웠어요. 맛있는 음식을 먹어서 기분이 좋았어요.

답한 내용을 이어 봅시다.

외할머니 집에 다녀왔다. 외할머니의 생신이어서 생신 파티를 하러 간 것이다. 부모님과 2시에 집에서 출발했다. 외할머니 집에 가니 외할아버지와 외할머니가 나를 반갑게 맞아 주었다. 우리는 중국집에서 맛있는 음식을 시켜 놓고 생신 파티를 했다. 생일 케이크에 초를 꽂았는데 초가 많아서 깜짝 놀랐다. 생일 축하 노래를 부르고 케이크와 맛있는 중국

음식을 먹었다. 나는 짜장면을 좋아하는데 정말 맛있었다. 사촌 동생과 나는 TV로 유튜브를 돌려 보며 재미있게 놀았다. 저녁이 되자 아빠가 집에 가자고 하셨다. 사촌 동생이랑 더 놀고 싶은데 헤어져서 섭섭했다. 나는 외할머니의 생신을 축하해 드리며 할머니가 오래 사셨으면 좋겠다는 생각을 했다. 지연이와 다음에 또 만나서 더 재미있게 놀았으면 좋겠다고 생각했다.

의인화 글쓰기

초등학교 저학년 시기는 물활론적 사고를 믿는 시기로 세상의 모든 물체는 생명이 있다고 여깁니다. 그래서 아이들은 자신이 없는 사이에 장난감들이 살아 움직이고 말을 하는 것을 상상합니다. 마치 영화 '토이스토리'처럼 말이지요. 그뿐 아니라 아이들은 동물들도 서로 말을 하며 가끔은 인간과도 의사소통을 한다고 상상하기도 합니다. 인형이나 강아지에게 말을 붙여 보는 행동은 다 이러한 생각 때문입니다.

이 시기 아이들에게 의인화 글쓰기를 지도하면 매우 효과적입니다. 사물이나 동물이 생각과 말을 한다고 상상하고 나에게 어떤 말을 할지 떠올려 보게 하는 활동은 아이들의 흥미를 끌기 충분합니다. '학교에 다녀왔을 때 내가 가장 좋아하는 장난감은 나에게 어떤 말을 할까요?'라던지 '학교에 다녀왔는데 우리 집 강아지가 나를 보고 짖어 댄다면 그게 무슨 뜻일까요? 글로 써 보세요.'라고 해 보세요.

예시

내가 학교에 가면 내 방에 있는 물건들이 살아 움직이며 말을 한다면 어떤 말을 할 것 같나요? 상상해서 써 보도록 해요

연필   나는 내 주인이 너무 힘을 주어서 글씨를 써서 아파. 자꾸 나를 부러뜨리니까 내 키가 작아져서 속상해.

지우개   너만 그러니? 나도 내 주인이 너무 박박 나를 문질러서 온몸에 상처투성이야. 살살 다루어 달라고 말하고 싶어.

의자   나는 내 위에 너무 털썩 앉아서 짜증이 나. 내가 아무리 의자이지만 이렇게 갑자기 앉으면 나도 놀라거든.

책가방   나는 나 좀 목욕시켜 주었으면 좋겠어. 내가 아무리 까만 가방이지만 목욕을 한 지 1년이 넘었어. 너무 한 것 아니야?

연습해 보기

주말 저녁, 사람들이 모두 돌아간 동물원의 동물들은 어떤 말을 할까요? 동물이 되어 이야기해 봅시다.

곰   두 발로 일어서서 박수 치는 흉내를 내느라 피곤해 죽겠네.

호랑이   _____

코끼리   _____

코뿔소   _____

사자 _____

사막여우 _____

표범 _____

낙타 _____

알파카 _____

얼룩말 _____

기린 _____

토끼 _____

미어캣 _____

염소 _____

원숭이 _____

양 _____

독수리 _____

타조 _____

홍학 _____

하이에나 _____

치타 _____

악어 _____

펭귄 _____

물개 _____

바다사자 _____

돌고래 _____

글쓰기 사고를 확장하는 겨울방학

겨울방학은 한 학년을 마치고 다음 학년을 넘어가는 길목에 있는 중요한 시기입니다. 이때 충분한 독서와 글쓰기 연습은 아이의 사고와 감성을 신장시킵니다. 겨울방학 시기에 중점으로 두어야 하는 것은 아이들이 글쓰기를 하나의 습관처럼 받아들이도록 하는 것입니다. 감사일기 쓰기나 동시 쓰기처럼 사고를 확장하고 남들과 다른 시선으로 사물을 바라볼 기회를 갖도록 하는 것이 중요한 이유입니다. 초등학교 저학년 학생에게 글쓰기는 국어 능력뿐만 아니라 인성교육의 측면에서 긍정적인 작용을 한다는 것을 기억해야 합니다.

1학년에 적합한 글감은 무엇이 있을까?

글쓰기의 시작은 글을 쓰고 싶은 동기를 불러일으키는 것이라고 할 수 있습니다. 아이들은 자신이 쓰고 싶은 글이 있을 때는 신이 나서 쓰지만 쓰고 싶지 않을 때는 글을 쓰는 것이 그렇게 고되고 힘든 일이 아닐 수 없습니다. 아이들이 글을 쓰고 싶게 하기 위해서는 어떻게 해야 할까요? 그 출발점으로 '다양한 소재를 활용한 글쓰기'를 말할 수 있습니다. 아이들은 자신이 관심 있는 대상이나 소재에 대해서는 누가 시키지 않아도 능동적으로 글을 씁니다. 그리고 쓴 글에 대하여 만족감을 느낍니다. 따라서 아이들이 어떤 소재에 관심을 느끼는지, 글을 쓰고 싶어 하는지 파악하여 소재를 제시하는 것이 좋습니다. 시기에 맞는 다양한 주제와 소재, 아이들의 관심사에는 어떠한 것이 있을지 함께 살펴보도록 합시다.

3월	새로운 것들(학교, 새 친구, 새 교실, 선생님, 봄, 새싹, 봄꽃)
4월	다양한 소재를 찾아 연습하기 '선물'이라는 큰 주제에 맞는 소재는 무엇이 있을까? 장난감이나 생일 선물처럼 물건만이 아닌 동생, 가족, 친구, 생명도 선물이 될 수 있다는 것을 생각해 보기
5월	짧은 세 줄 쓰기(어린이날 받고 싶은 선물, 어린이날 하고 싶은 일)
6월	떠나는 봄에게 하고 싶은 말, 다가오는 여름에게 하고 싶은 말
7월	여름방학이 되면 하고 싶은 것들
8월	선생님에게 편지쓰기, 여름방학에 있었던 일

9월	추석에 있었던 일
10월	가을 여행 글쓰기
11월	떠나는 가을에게 하고 싶은 말, 다가오는 겨울에게 하고 싶은 말
12월	겨울방학 계획 글쓰기
1월~2월	겨울방학에 있었던 일

일상 속에서 감사일기 쓰기

감사일기는 아이들의 인성교육에도 매우 긍정적인 영향을 끼치는 방법임과 동시에 글쓰기에도 큰 도움을 주는 활동입니다. 감사일기는 문장을 짧게 쓰기 때문에 학생들이 글쓰기를 부담 없이 받아들이도록 하는 데 큰 도움을 줍니다. 매일 아침 일어나 감사일기를 쓰면 아이들은 사물을 자세히 보고 의미를 부여하는 관찰력과 세심함이 향상됩니다. 또한 세 줄 글쓰기, 다섯 줄 글쓰기 등 글쓰기를 생활화할 수 있는 습관이 생겨납니다.

매일 아침 아이들이 감사일기 공책에 날짜와 날씨 등 일기장에 들어갈 요소를 적게 한 후 감사한 일에 대하여 3~5개 정도 쓰도록 해 봅시다. 이때 주의할 점은 어른의 개입이 많아서는 안 된다는 것입니다. '엄마, 아빠가 싸우지 않아 감사합니다.'라는 문장을 보고 "우리가 언제 그렇게 많이 싸웠니?"라고 말한다면 아이는 감시

받는 느낌이 들 겁니다. 어떤 이야기를 쓰더라도 관여하지 않아야 해요. 감사한 일이 어제나 오늘이 똑같을 수도 있습니다. 매일 새로운 감사한 일을 찾아낸다는 것은 어른에게도 쉽지 않은 일입니다. 어제 썼던 내용을 다시 써도 어른들은 매일 새로운 것을 보는 것처럼 반응하고 공감해 주세요.

예시

○월 ○일 ○요일 감사일기

1. 하늘이 맑아서 감사합니다.
2. 엄마, 아빠가 옆에 있어 감사합니다.
3. 길가에 핀 꽃에 감사합니다.
4. 학교에 친한 친구들이 있어 감사합니다.
5. 선생님이 친절해서 감사합니다.

연습해 보기

살면서 감사한 일은 참 많습니다. 따뜻한 날씨, 맛있는 음식, 예쁜 꽃까지 생각해 보면 모두 감사한 일입니다. 오늘 여러분의 주위를 돌아보며 감사한 일 세 가지를 생각해서 써 봅시다.

○월 ○일 ○요일 감사일기

1. _____ 해(어)서 감사합니다.
2. _____ 해(어)서 감사합니다.
3. _____ 해(어)서 감사합니다.

상상을 담은 동시 쓰기

초등학교 저학년 학생들이 쓴 동시를 보다 보면 저절로 웃음이 지어질 때가 있습니다. 아이들의 순수한 마음을 엿볼 수 있기 때문이지요. 가끔은 아이들의 동시를 보며 무릎을 칠 때도 생기는데 아이들만이 가진 기발한 생각과 참신함은 절대로 어른들이 따라 할 수 없는 영역이기도 합니다. 특히 동시는 아이들이 가장 쉽게 접근할 수 있는 글쓰기입니다. 시를 짓고 자신의 시에 어울리는 그림을 직접 그려 하나의 작품을 만드는 활동은 마치 자신이 시인이 된 것과 같은 느낌을 줍니다. 이때 학생들이 동시를 쓰는 것이 즐겁도록 다양한 글감을 제공해 주세요. 예를 들어, '봄'이라는 주제로 글을 쓰게 한다면 '봄'이 단순히 계절만을 뜻하는 것이 아닌 새로운 시작, 생명의 탄생, 새싹, 어린이날, 새 학교, 새 친구, 새로운 선생님 등 여러 가지를 생각할 수 있다는 것을 알 수 있도록 해 주세요.

아이들의 글은 정제되지 않은 그 자체만으로 생동감과 동심을 느낄 수 있습니다. 아이들은 느껴지는 대로, 생각나는 대로 표현하기 때문입니다. 다음의 글은 어른은 표현하기 힘든 아이만이 표현할 수 있는 생동감 넘치는 표현이라고 할 수 있습니다.

톡톡이 사탕

김사랑(1학년)

톡톡이 사탕을 입에 넣으면
입속에서
흐하아아토독토독
흐하아아토독토독
전쟁이 나요

뒷이야기 상상해서 쓰기

뒷이야기를 상상해서 쓰려면 전체적인 줄거리를 이해하고 있어야 하고 자연스럽게 이어질 수 있도록 상상해야 합니다. 책을 읽을 때 '뒤에는 어떤 내용이 이어질까?' 하고 생각하며 읽어야 하기에 적극적인 독서를 하게 됩니다. 아이와 함께 책을 읽을 때 아이가 상상할 수 있는 질문을 자꾸 던져 주는 것이 필요해요. "뒤에는 어떤 내용이 올 것 같아? 주인공은 어떻게 될까? 어떻게 이야기가 끝날 것 같아?" 등과 같은 질문을 하면 좋아요.

'괴물들이 사는 나라'에서 맥스가 여행을 끝내고 집으로 돌아왔을 때 '저녁밥이 맥스를 기다리고 있었지. 저녁밥은 아직도 따뜻했어.'라며 이야기가 끝이 나는데 여기에서 독서 활동을 마치지 말고 질문을 던져 보면 좋습니다.

"다음날 엄마랑은 어떻게 되었을까? 엄마랑 어떤 대화를 했을까?"라고 질문하면 아이는 자기만의 이야기를 할 것입니다. 그때 "그럼 간단히 써 볼까?"라고 한다면 아이는 신나게 글쓰기를 시작할 거예요. 다른 이야기책도 같은 방법으로 뒷이야기 상상해서 써 보기를 하면 좋습니다.

백희나 작가의 『구름빵』을 읽고 뒷이야기를 상상해 봅시다.
구름빵을 드시고 회사에 지각하지 않으신 아빠가 집에 돌아오셨습니다. 아빠는 두 형제를 보고 어떤 말을 하실까요? 아빠가 형제에게 한 말을 써 볼까요?

위의 글처럼 아이들이 친숙하게 알고 있는 이야기의 뒷이야기를 상상해 보게 하는 것은 글쓰기와 문해력 발달에 도움이 됩니다. 흥미 있고 다양한 이야기를 선정하여 활동해 봅시다.

초등 2학년 국어 교육에서는
1학년 때 배운 한글의 기초를 바탕으로
문장을 자유자재로 읽고 쓸 수 있도록
완성도를 높여감과 동시에 어휘력을 확장해 나갑니다.

5장

초등 2학년
국어 교육은
어떻게 진행될까?

2학년이 되면 단순히 글자를 읽는 데서 그치지 않고, 글의 내용을 이해하고
중심이 되는 내용이 무엇인지 찾아보는 내용이 나오기 시작해요. 본격적으로
자신의 경험을 글로 풀어서 표현하는 활동도 시작하고요. 또 다양한 이야기
와 작품을 통해 인물의 마음을 짐작하고 공감하면서 분위기에 맞게 표현하는
능력도 길러 봅니다. 초등 2학년 국어 수업은 구체적으로 어떻게 진행되는지
알아볼까요?

2학년 국어,
첫 학기엔 뭘 배울까?

1학년 때는 '소리와 글자'를 연결하는 데 중점을 두었다면, 2학년 부터는 이 연결을 더욱 빠르고 정확하게 다듬어 나갑니다. 이제부터는 글자를 보고 소리가 거의 자동으로 튀어나오게 하는 연습인 것이지요. 이를 '읽기 유창성'을 키운다고 표현합니다. 쉽게 말해 글자를 보고 소리 내어 막힘없이 술술 읽는 능력을 키우는 것을 말해요. 또 아이들은 단어를 읽는 동시에 그 뜻을 떠올리는, 이른바 '언어 이해력'도 키울 수 있습니다. 이 두 가지를 키우면서 독해로 가는 길이 더 빨라집니다.

'읽기 유창성'과 '언어 이해력' 향상 팁

- 소리 내어 읽는 연습을 꾸준히 도와주세요. 하루에 몇 분만이라도 소리 내어 읽기를 하며 아이의 발음과 띄어 읽기를 점검해 주세요.
- 생활 속 어휘를 자연스럽게 확장하세요. 책에서 본 단어를 생활 속에서 사용해 보세요.
- 책과 언어가 풍부한 환경을 만들어 주세요. 가정에서 책을 눈에 잘 띄는 곳에 두고, 책 읽는 시간을 자연스럽게 정해 보세요. 부모님도 함께 책을 읽으며 독서에 대한 긍정적인 태도를 보여 주세요.

2학년 1학기 국어 단원 구성

단원	단원학습 목표	소단원
1. 만나서 반가워요	말 차례를 지키며 친구들과 대화하고 자신을 소개하기	1. 말 차례를 지키며 대화하기 2. 친구들에게 자신을 소개하기
2. 말의 재미가 솔솔	말의 재미를 찾고 자신의 생각이나 느낌 나누기	1. 말의 재미 느끼기 2. 책에 대한 생각이나 느낌 나누기
3. 겪은 일을 나타내요	자신이 겪은 일을 문장과 글로 표현하기	1. 꾸며 주는 말을 넣어 문장 쓰고 읽기 2. 자신의 생각을 담은 일기 쓰기
4. 분위기를 살려 읽어요	일상생활에서 말과 글을 바르고 재미있게 사용하기	1. 겹받침을 바르게 읽고 쓰기 2. 작품을 분위기에 알맞게 읽기
5. 마음을 짐작해요	다른 사람의 마음을 짐작하며 의미가 잘 드러나게 띄어 읽기	1. 다른 사람의 마음 짐작하기 2. 의미가 드러나게 띄어 읽기

6. 자신의 생각을 표현해요	글에서 중요한 내용을 찾고 자신의 생각 표현하기	1. 중요한 내용 찾기 2. 자신의 생각 표현하기
7. 마음을 담아서 말해요	고운 말을 사용해 친구들과 경험 나누기	1. 자신의 경험 말하기 2. 고운 말로 이야기 나누기
8. 다양한 작품을 감상해요	친구들과 작품 감상의 즐거움 나누기	1. 시와 이야기를 감상하고 생각이나 느낌 표현하기 2. 인형극을 감상하고 생각이나 느낌 표현 하기

2학년 국어 수업 단원 구성을 살펴보면 읽기 유창성과 언어 이해력을 키우는 과정으로 이루어져 있어요. 이를 통해 본격적인 독해를 위한 기본 준비를 하게 됩니다. 그러면 구체적으로 이 시기에 어떤 것을 배우는지 단원별로 알려 드릴게요.

1단원. 만나서 반가워요

1. 말 차례를 지키며 대화하기
- 말할 내용 정하기
- 말 차례를 지키며 친구들과 이야기하기

2. 친구들에게 자신을 소개하기
- 소개할 내용 정리하기
- 자신을 소개하는 글쓰기

이번 단원은 2학년 들어 새롭게 반이 바뀌고 새롭게 만난 아이들과 아이스브레이킹을 함과 동시에, 말을 할 때 지켜야 할 기본예절 중 하나인 말 차례를 지키며 대화하는 방법을 익히는 단원입니다. 학기 초부터 말 차례를 지키면서 대화하는 것을 우리 반 약속으로 잡아 주고 시작하면 아이들이 자신의 의견을 애기할 때 중구난방 말하지 않게 되어 전반적인 소통이 좀 더 원활한 반이 될 수 있습니다.

말 차례 지키기

보통 한 반에는 또래 아이들이 28명 가까이 되기 때문에 하고 싶은 말이 있다고 순서 없이 막 해 버리면 원활한 소통이 이루어지지 않습니다. 그러므로 학기 초부터 이 부분을 잘 지키고 일 년 내내 꾸준히 이루어질 수 있도록 해야 합니다. 간단한 체크리스트를 소개합니다.

나는 말 차례를 잘 지키는 학생인가요? 체크해 보세요!

□ 친구가 말할 때 끼어들지 않고 기다리나요?

□ 자신이 말해도 되는지 친구에게 확인한 뒤 말하나요?

□ 친구가 말할 때는 집중하며 귀 기울이나요?

□ 내가 말할 때는 내용을 자세하게 말하나요?

자기소개하기

그다음 본격적으로 자신을 소개하는 시간을 가집니다. 2학년이 되어 새롭게 만나 한 교실에 모인 우리 친구들은 조금 설레고 긴장되는 마음일 겁니다. 이럴 때 새 친구들에게 나를 소개하는 시간을 가지는 겁니다. 이때 나를 소개하는 글을 써서 친구들에게 발표하는 활동을 합니다. 맛보기 활동으로 연습해 볼까요?

○ 나를 소개하기 위해 꼭 들어가야 할 내용은 어떤 것이 있을까요? 자
　유롭게 써 보세요.

_____

_____

2단원. 말의 재미가 솔솔

1. 말의 재미 느끼기
- 재미있는 말놀이 하기
- 주변에서 여러 낱말을 찾아 이야기 만들기

2. 책에 대한 생각이나 느낌 나누기
- 글을 읽고 자신의 생각이나 느낌 표현하기
- 책에서 좋아하는 문장을 찾아 소개하기

이번 단원은 말의 즐거움을 맛보는 단원입니다. '다섯 글자 말놀이'를 하면서 "자랑스러워." "넌 밝게 웃어." 등과 같이 다섯 글자로 되게끔 말하도록 하는 놀이를 합니다. 또 '꼬리 따기 말놀이'(일명 원숭이 엉덩이는 빨개~ 이어 하기), '시장에 가면' 놀이처럼 말을 이어 가는 놀이도 소개되어 있습니다.

글을 읽고 자신의 생각이나 느낌을 표현하면서 나는 어떨 때 그러한 느낌이 드는지, 어떤 부분에서 공감을 느꼈는지 찾아보는 시간을 갖도록 함으로써 공감 능력을 길러 주고 글과 자신을 연결하게 해 줍니다.

이 단원들을 통해 아이들은 언어 속에 담긴 재미와 공감의 경험을 하게 됩니다. 우리가 배운 한글이 이렇게 재미가 있고, 이렇게 나의 마음을 들여다보게 하고, 나에게 공감을 주는 매개체임을 경험을 통해 알게 하는 것이에요. 아이들은 우리가 접하는 언어를 재밌고 친숙하고 따뜻하게 느끼게 될 겁니다.

3단원. 겪은 일을 나타내요

1. 꾸며 주는 말을 넣어 문장 쓰고 읽기
- 꾸며 주는 말을 넣어 문장 쓰기
- 꾸며 주는 말이 들어간 문장 읽기

2. 자신의 생각을 담은 일기 쓰기
- 겪은 일에서 일기 글감 정하기
- 겪은 일이 잘 드러나게 일기 쓰기

자, 이제 본격적으로 줄글 일기 쓰기에 대해 배우는 단원이 나왔습니다. 일기 쓰기는 생활문 쓰기의 핵심이자 아이들의 글쓰기 활동의 시작입니다. 아이들은 자기중심적인 사고에서 출발하여 점차 세상으로 보는 시야를 확대해 나가기 때문에 내가 경험했던 것을 중심으로 글쓰기를 시작해야 합니다.

우선 꾸며 주는 말에 대해 공부합니다. 넓은, 활짝, 멋있는 등과 같은 꾸며 주는 여러 가지 단어들을 배움으로써 표현이 더 풍성해지도록 돕는 거지요.

그러고 나서 본격적으로 일기를 쓰기 위해 자신이 겪은 일을 돌아보고 그중에 가장 기억에 남는 일을 떠올려 보게 합니다. 사실 글감을 찾는 것이 아이들이 좀 어려워하는 부분이라 수업 시간에 집중적으로 가르칩니다. 매번 '오늘 일기 뭐 쓰지?' 하며 고민하는 아이들에게는 이러한 연습이 필요해요.

사실 그도 그럴 것이 아이들의 일상이 매번 비슷합니다. 평일에는 학교 갔다가 학원 갔다가 집에 와서 쉬는 것, 주말에는 조금 변동성이 있는 정도이지요. 특히 주말에 여행을 갔다 왔거나 특별한 이벤트가 있었던 경우가 아니라면, 대부분은 집에서 푹 쉬기도 하고, 게임을 하거나 텔레비전을 보다가 마트 가서 장 보는 무난한 일상을 보내는 경우가 많지요? 아이들은 이런 소소한 일상은 일기의 글감이 될 수 없다고 생각하기도 합니다. 뭔가 거창한 사건이 있어야만 일기를 멋있게 잘 쓸 수 있을 것 같아 일기 쓰기에 부담을 느끼기도 하지요. 하지만 평범한 하루도 일기로 쓸 수 있다는 생각을 가져야 합니다.

소소한 일상 속에서도 내가 보고 듣고 경험했던 것은 무엇이었는지, 그중에 내가 좋았던 일, 기뻤던 일, 슬펐던 일, 화났던 일 등 다양한 감정을 떠올려 보면서 일기의 글감을 정하는 것이지요. 학교에서 읽었던 책 내용이 떠오른다거나, 학원 가는 길에 하늘에 떠 있는 구름의 모양이 신기했다던가 하는 사소한 일상 속에서도 일기의 글감이 있다는 것을 배우고 알려 줍니다.

겪은 일 쓰기

4단원. 분위기를 살려 읽어요

1. 겹받침을 바르게 읽고 쓰기
- 겹받침이 있는 낱말 읽고 쓰기
- 겹받침이 있는 낱말에 주의하며 글 읽기

2. 작품을 분위기에 알맞게 읽기
- 시의 분위기 살펴보기
- 시의 분위기를 생각하며 소리 내어 읽기

2학년 국어 내용을 소개할 때 맨 처음 강조했던 '읽기 유창성'을 키우기 위한 준비단원입니다. 겹받침이 있는 낱말들도 이제 어려움 없이 척척 읽을 수 있고 막힘 없이 술술 읽을 수 있도록 연습을 시작해요.

읽기 유창성을 끌어올릴 때 시를 낭송하는 활동이 굉장히 효과가 좋습니다. 시는 짧고 천천히 읽을 수 있는 문학 작품이기 때문에 읽기 연습을 하기에도 제격이고요. 거기다 그 내용을 천천히 음미하며 읽을 수 있어 문학적 감성을 키우는 데도 좋습니다. 소리 내어 읽어 보고 작품을 느껴 보는 활동이 동시에 이루어집니다. 맛보기 활동을 소개합니다. 발음에 유의하며 다음 시를 낭송해 보세요.

학교 가는 길

아침 햇살 반짝이는 길,
가방 메고 학교로 가요.
"안녕!" 친구에게 손 흔들며,
오늘도 즐거운 하루 시작해요.

교실 창문 밖엔 새소리,
칠판 위엔 선생님 미소.
책 속 이야기 속으로 뛰어들어,
우리가 함께 배워요.

쉬는 시간 운동장에서,
뛰고 놀며 웃음꽃 피워요.
학교는 우리들의 놀이터,
배우고 꿈꾸는 우리 집이에요.

5단원. 마음을 짐작해요

1. 다른 사람의 마음 짐작하기

• 인물의 마음 짐작하기
• 인물의 마음을 짐작하며 글 읽기

2. 의미가 드러나게 띄어 읽기
- 헷갈리기 쉬운 낱말에 주의하며 읽기
- 자연스럽게 띄어 읽기

읽기 유창성을 키워 보는 연습을 하면서 의미를 파악해 봅시다. 우선 이야기 속 인물의 마음을 짐작하는 활동을 통해 긴 이야기 속의 내용과 그 의미를 이해하는 능력을 키워 봅니다. 글을 재미있게 읽고 등장인물에게 공감하면서 글을 접하게 하는 것이죠. 그리고 그 의미를 생각하면서 글을 직접 소리 내어 읽어 보는 연습을 하는 단원입니다.

✎ 읽기 유창성을 키우는 활동은 '6장. 2학년 문해력 심화 활동' 워크북을 통해 연습해 봐요!

6단원. 자신의 생각을 표현해요

1. 중요한 내용 찾기
- 글을 읽고 중요한 내용 찾는 방법 알기
- 중요한 내용을 생각하며 글 읽기

2. 자신의 생각 표현하기
- 글을 읽고 인물의 생각과 그 까닭 파악하기
- 글을 읽고 자신의 생각 표현하기

설명문 이해하기

이 단원에서는 설명문을 읽고 전체적인 내용을 잘 이해할 수 있어야 합니다. '줄넘기의 좋은 점', '나무뿌리는 무슨 일을 할까?'와 같이 정보를 전달하는 형태의 텍스트가 등장하게 되지요. 또 '심장', '동작', '근육', '뿌리', '영양분' 등과 같은 어휘가 등장합니다. 여러 문단으로 구성되어 있고 문단별로 중심 내용을 전달하기 때문에 글밥이 늘었어요.

내 생각과 연결 짓기

글을 이해한 뒤 자신의 생각과 연결 짓는 활동을 해 봅니다. 등장인물은 왜 그렇게 행동했는지, 나는 어떤 생각이 들었는지 떠올리고 이를 명확하게 표현하는 것이지요.

특히 여기서 어떤 생각에 대한 까닭을 함께 찾아보는 것이 중요해요. 그 생각의 좋은 점, 옳은 점은 무엇인지, 어떤 부분이 이를 뒷받침하는지 찾아보는 활동에서 비판적인 사고도 해 보게 됩니다. 나의 주장과 이를 뒷받침하는 까닭을 적절하게 찾아서 표현해야 한다는 점을 절감하게 되는 것이지요. 그렇지 않으면 자신의 표현이 설득력이 없다는 것을 알게 됩니다.

나의 생각 표현하기

친구들 앞에서 글을 발표함으로써 친구와 나의 생각 차이를 경험합니다. 아이들은 같은 주제로 다른 생각과 표현을 하는 다양한 결과물을 접하면서 자신의 활동도 되돌아보게 되는 메타인지를 동시에 키우게 되는 것이죠.

7단원. 마음을 담아서 말해요

1. 자신의 경험 말하기
- 자신의 경험을 떠올리며 이야기 듣기
- 자신의 경험 발표하기

2. 고운 말로 이야기 나누기
- 다른 사람의 마음을 생각하며 고운 말로 대화하기
- 고운 말로 생각과 마음 나누기

이제 학기 마무리가 얼마 남지 않았네요. 그동안 새 교실, 새로 만난 아이들과도 친해지고 많은 추억도 쌓였을 텐데 그동안 있었던 경험을 떠올려 보고 그때의 생각이나 느낌을 공유해 보는 시간을 가져 봅시다.

경험한 일이나 있었던 일을 얘기할 때에는 언제, 어디에서, 무슨 일을 경험했는지, 그때의 생각이나 느낌은 어떠했는지 총 4가지로 구별하여 얘기하도록 합니다. 발표할 내용을 항목별로 정리한 뒤 친구들 앞에서 또박또박 큰 소리로 말할 수 있도록 해요. 또 듣는 사람들은 친구의 발표를 듣고 그 발표 내용을 정리해 보도록 합니다.

그동안 고맙거나 미안한 마음이 들었던 우리 반 친구나 부모님 또는 선생님께 고운 말을 사용하여 마음을 전하는 간단한 쪽지를 적어 보는 활동을 통하여 자신의 경험과 감정을 돌아보고 따뜻하게 마음을 전하는 시간을 가져 보는 것이지요. 맛보기 활동을 소개합니다.

○ 마음을 전하고 싶은 사람에게 쪽지를 써서 전달해 볼까요?

_____

_____

8단원. 다양한 작품을 감상해요

2학년 1학기의 마지막 단원입니다. 이 단원에서는 다양한 작품을 감상하는 시간입니다. 시, 이야기, 인형극과 같은 우리 주변에서 접할 수 있는 문학 작품들을 감상하고 감동을 느끼며 한 학기를 정리합니다. 여름방학 전에 이러한 활동을 하고 방학 때 공연을 관람하거나 다양한 작품 연계 체험활동을 할 수 있어서 좋습니다.

1. 시와 이야기를 감상하고 생각이나 느낌 표현하기

- 시를 낭송하고 생각이나 느낌 나누기
- 이야기를 읽고 생각이나 느낌 표현하기

2. 인형극을 감상하고 생각이나 느낌 표현하기

- 인형극을 감상하고 인물의 마음 짐작하기
- 인형극을 감상하고 자신의 생각이나 느낌 표현하기

2학년 1학기
국어 수업의 효과

초등학교 2학년은 글을 읽는 기본 능력을 키우고, 문장의 구조와 내용을 이해하는 능력을 발전시키는 단계입니다. 이 시기의 국어 수업을 통해 문장을 자연스럽게 읽고 이해할 수 있게 됩니다. 막힘 없이 술술 읽게 되는 것이죠. 문장 구조를 덩어리로 인식하면서 이해하고, 그 의미를 잘 전달하기 위한 띄어 읽기, 발음, 억양 등을 전반적으로 고려하면서 자연스럽게 읽어 내려가는 수준으로 글을 읽는 능력을 키우기 시작하는 중요한 시기에요. 이러한 활동이 잘 이루어질 수 있도록 국어 수업에서 읽기 연습을 잘할 수 있도록 하고 있습니다.

아는 단어가 많아진다

2학년 1학기 중반부터는 다소 어려운 단어나 토박이말도 등장하기 시작하고 글밥도 많아집니다. 다양한 주제와 텍스트를 통해 새로운 단어를 배우면서 어휘력을 키우기 시작하지요. 이런 과정을 지나면 의사소통 능력을 더 키울 수 있고 좀 복잡한 상황도 표현할 수 있는 기초를 다지게 됩니다. 많은 글밥과 새로운 단어를 통해 아는 단어가 많아진다는 것은 그만큼 국어 능력이 신장되는 것이겠지요. 2학년 시기는 이렇게 폭발적으로 아는 단어가 많아지는 때입니다.

> **마무리 활동**
>
> **2학년 1학기 교과서에 나오는 어휘들을 알고 있는지 확인해 보기**
> 볼가심, 마루, 나들목, 해거름, 실천, 토박이말, 뭇, 맞장구, 덩굴손, 수목원, 관람, 공공장소, 볼우물, 벗, 여우비, 까치밥, 건널목, 보드레하다, 잘바닥잘바닥하다

일기를 쓰기 시작한다

일기 쓰기 연습을 통해 자신의 경험과 그에 대한 생각 또는 감정

을 글로 표현하는 능력을 기릅니다. 짧은 문장이나 단락을 작성하는 수준으로 일기를 쓸 수 있고, 이 과정에서 올바른 문장을 구성하는 연습도 할 수 있고 문법도 체크하며 점차 익숙해질 수 있습니다. 1학년 2학기 때 그림일기를 배우면서 익힌 기본적인 일기 쓰기 방법을 바탕으로 글의 분량을 다섯 문장 이상으로 늘리고 내용을 더 자세하게 쓸 수 있게 됩니다. 이때 생긴 일기 쓰기 습관은 평생을 함께하는 습관이 될 수도 있어 중요합니다.

마무리 활동

다섯 문장으로 표현하기

○ 오늘 하루 동안 가장 기억에 남는 일을 생각해 보고, 다섯 문장 정도 되는 글로 표현해 보세요.

_____

_____

[예] 오늘 아침에 엄마가 만들어 준 달걀 프라이가 정말 맛있었다. 노른자가 부드럽고 따뜻했다. 아침을 맛있게 먹어서인지 하루 종일 기분이 좋았다. 배 속이 든든한 느낌이 들었다. 엄마! 고마워요!

○ 다 쓴 뒤에는 내가 바르게 썼는지 다시 한번 체크해 보세요.

[예] 오늘 아침에 엄마께서 만들어 주신 달걀 프라이가 정말 맛있었다. 특히 노른자가 부드럽고 따뜻했다. 아침을 맛있게 먹어서인지 하루 종일 기분이 좋았다. 배 속이 든든한 느낌이다. 엄마! 고마워요!

멋지게 발표하기

초등학교 국어 수업의 핵심 중 하나는 발표입니다. 수업 중에는 발표나 토론을 통해 말하기와 듣기 능력도 함께 길러집니다. 다른 사람의 의견을 경청하고 자신의 생각을 명확하게 전달하는 훈련을 하며, 상호작용을 통한 의사소통 능력을 기르게 됩니다. 학생들이 생각이나 경험을 말로 표현하는 기회를 제공합니다. 이를 통해 자신을 표현하는 데 자신감을 얻고, 창의적인 사고 능력도 키울 수 있습니다.

책을 읽고 친구들과 의견 나누기

다양한 동화나 이야기책을 반 친구들과 함께 읽는 과정을 통해 독서에 대한 흥미를 키울 수 있습니다. 책을 읽기 싫어하는 아이도 이 과정을 통해 책 읽기에 흥미를 붙이는 계기가 될 수 있어요. 또 이 시기에 흥미를 바탕으로 한 독서 습관이 형성되면, 이후 학습 능력에도 상당히 긍정적인 영향을 미칩니다. 또 이야기를 바탕으로 한 놀이 활동을 통해 친구들과 협력하고 소통하는 방법을 배우며 더 밝아지는 모습을 보이는 아이들도 생기고요. 다른 사람의 감정을 이해하고 공감하는 능력을 함께 발달시킬 수 있습니다.

책 내용 요약하기

○ 최근에 읽은 책 제목과 내용을 간단히 적어 보세요.

책 제목 _____

요약 _____

_____

나의 의견 _____

_____

예

『강아지 똥』

요약 "강아지 똥은 처음에는 자신을 쓸모없다고 생각했지만, 나중에 민들레가 자라는 걸 도와주는 소중한 존재라는 것을 깨달았어요."

나의 의견 나도 그렇고 우리 모두가 다 쓸모가 있다는 걸 잊으면 안 될 것 같아요.

2학년 국어,
2학기엔 뭘 배울까?

여름방학이 지나고 2학기가 되었습니다. 방학 동안 신나게 생활하며 세상을 보는 눈도 넓어지고 몸과 마음이 쑥쑥 자랐을 거라 생각됩니다. 이제 2학기에는 한층 더 넓어진 시야로 국어를 공부하며 더 깊이 이해하고 좀 더 고차원적인 사고력을 길러서 문해력을 길러 보는 시간을 가져 보겠습니다.

또 곧 3학년으로 올라가기 위한 전 단계잖아요. 지금부터는 글밥이 다소 긴 글로 끝까지 읽어 내는 연습을 하고, 좀 어렵게 느껴지는 글을 읽으며 내용을 이해하고 활용하는 활동을 시작해 볼 겁니다.

2학년 2학기 국어 단원 구성

단원	단원학습 목표	소단원
1. 장면을 상상하며	시나 이야기에 대한 생각이나 느낌을 친구들과 이야기하기	1. 시에 대한 생각이나 느낌 나누기 2. 이야기에 대한 생각이나 느낌 나누기
2. 서로 존중해요	공감하며 대화하기	1. 상대와 기분 좋게 대화하기 2. 상대를 존중하며 대화하기
3. 내용을 살펴요	주변의 사물을 설명하는 글쓰기	1. 글을 읽고 중심 내용 파악하기 2. 사물을 설명하는 글쓰기
4. 마음을 전해요	글을 읽고 인물의 마음 파악하기	1. 글쓴이의 마음 파악하기 2. 인물에게 마음 전하기
5. 바른말로 이야기 나누어요	바른 말을 사용해 이야기 나누기	1. 바른말 사용하기 2. 일이 일어난 차례대로 이야기하기
6. 매체를 경험해요	매체에 흥미를 가지고 자신의 생각이나 느낌 나누기	1. 글과 그림으로 표현된 매체에 흥미와 관심 가지기 2. 자신의 경험을 매체와 연결지어 표현하기
7. 내 생각은 이래요	자신의 생각을 말과 글로 표현하기	1. 글쓴이의 생각 파악하기 2. 자신의 생각을 글로 쓰기
8. 나도 작가	자신의 경험을 바탕으로 시나 이야기 창작하기	1. 시나 노래 창작하기 2. 이어질 이야기 상상하기

이제 본격적으로 언어를 자유롭게 활용하는 연습을 시작합니다. 각단원별로 세세하게 국어 시간에 어떤 것들을 배우면서 한층 더 성장하는 문해력을 키워 나가는지 하나씩 알아보도록 해요.

1단원. 장면을 상상하며

1. 시에 대한 생각이나 느낌 나누기
- 시를 읽고 장면 상상하기
- 시를 읽고 생각이나 느낌 나누기

2. 이야기에 대한 생각이나 느낌 나누기
- 이야기를 읽고 인물의 마음 상상하기
- 이야기를 읽고 생각이나 느낌 나누기

2학기 국어 수업이 시작되었네요. 즐거운 이야기와 문학 작품들을 보며 위밍업을 해 볼까요? 재미있는 작품들을 가볍게 읽으면서 함께 생각을 나누는 시간을 가져 봅시다. 일종의 감상토론 시간을 가지는 거예요. 아이들과 함께 시나 이야기 속 장면을 상상해 보고 등장인물에 대해 어떻게 생각하는지, 나는 어떻게 하면 좋을지 다양한 상상의 나래를 펼치게 하면서 즐거운 국어공부의 세계로 들어오게 하는 단원이라고 생각하시면 됩니다.

2단원. 서로 존중해요

1. 상대와 기분 좋게 대화하기
- 고운 말로 대화하는 방법 알기
- 고운 말로 대화하기

2. 상대를 존중하며 대화하기
- 칭찬이나 조언하기
- 대화를 나누면서 말하는 사람에게 적절히 반응하기

2단원은 상대와 기분 좋게 대화하는 방법, 상대를 존중하면서 대화하는 방법에 대해 집중적으로 배웁니다. 사실 이 단원에서 배우는 내용은 일 년 내내 배운다고 보셔도 됩니다. 생활면에서도, 다른 수업 시간에도 친구에게 고운 말로 말할 것, 존중하면서 대화할 것을 지속적으로 가르치지요.

나는 상대방을 존중하며 대화하는 학생인가요? 체크해 보세요!

☐ 고운 말을 사용하며 대화하나요?

☐ 내 상황을 상대가 이해할 수 있게 차분히 설명하나요?

☐ 상대가 기분 나쁘지 않게 거절할 수 있나요?

☐ 친구의 기분에 공감하며 들어주나요?

☐ 친구가 잘한 일을 칭찬하나요?

□ 친구가 기분 나쁘지 않게 조언을 할 수 있나요?

3단원. 내용을 살펴요

1. 글을 읽고 중심 내용 파악하기
- 글을 읽고 중심 내용을 파악하는 방법 알기
- 글을 읽고 내용 간추리기

2. 사물을 설명하는 글쓰기
- 사물을 설명하는 글을 쓰는 방법 알기
- 자신이 좋아하는 사물을 설명하는 글쓰기

자, 이제 다소 긴 글을 읽고 쓰는 단원이 등장했습니다. 글을 읽고 중심이 되는 내용을 찾아봅니다. 글을 간추리고 요약을 하려면 글의 내용을 전반적으로 파악하는 눈이 필요해요. 여러 문단이 나오는 긴 글을 읽을 때 문단별로 나누어서 살펴볼 줄도 알아야 하고요. 이러한 과정들을 통해 글이 길어도 그중에 전달하고자 하는 바를 알고 글을 요약하여 정리할 수 있게 됩니다.

또 실제로 설명문을 작성해 보는 활동도 하게 됩니다. 어떤 것을 설명하려면 그것의 어떤 특징을 잡아서 설명해야 하는지 생각하고 이를 글로 자세하게 풀어서 써야 한다는 것을 알게 되지요. 다른 사람들이 그 글을 읽고 잘 알 수 있게 특징을 자세하게 설명해야 한다는 점을 유의하며 쓰는 연습을 하게 됩니다. 맛보기 활동을 소개합니다.

○ 내가 가진 물건 중 하나를 골라 설명해 보세요.

_____

_____

_____

_____

_____

_____

4단원. 마음을 전해요

1. 글쓴이의 마음 파악하기
- 여러 가지 문장의 종류 알기
- 글쓴이의 마음을 파악하며 글 읽기

2. 인물에게 마음 전하기

• 인물의 마음을 생각하며 실감 나게 읽기

• 이야기를 듣고 인물에게 자신의 생각 전하기

이번에는 문장의 종류(설명하는 문장, 묻는 문장, 감탄하는 문장)를 알아봅니다. 문장부호를 사용하여 문장을 만들고 알맞은 목소리로 실감 나게 읽어 봅니다. 묻는 문장은 끝을 올려 읽고, 감탄하는 문장을 읽을 때는 좀 더 생생하게 힘주어 읽어야겠지요? 또 인물에게 하고 싶은 말을 전달하거나 궁금한 점을 물어보는 등 다양한 방식으로 인물에게 자신의 생각을 전달해 보는 활동을 해요.

5단원. 바른말로 이야기 나누어요

1. 바른말 사용하기

• 바른말 알기

• 자신의 생각을 바른말로 표현하기

2. 일이 일어난 차례대로 이야기하기

• 이야기를 듣고 일이 일어난 차례 말하기

• 글을 읽고 일이 일어난 차례 말하기

헷갈리는 문법을 집중적으로 배우는 단원입니다. '가리키다/가르치다, 바라다/바래다, 다르다/틀리다 또는 잊어버리다/잃어버리다'와 같은 단어들은 상황에 따라 구별해서 써야 하는데 일상에서 잘못 혼용되는 경우가 있어 잘 구별할 수 있도록 배웁니다.

시간의 순서에 따라 정리하는 방법도 공부합니다. 이야기 속 사건을 시간 순서에 따라 배열하면서 흐름을 명확히 파악하고 일목요연하게 정리할 수 있습니다. 아이들이 장황한 글을 읽고 나서도 순서에 맞게 핵심을 간추리게 되는 것이지요.

6단원. 매체를 경험해요

1. 글과 그림으로 표현된 매체에 흥미와 관심 가지기
- 글과 그림이 나타내는 뜻을 생각하며 읽기
- 글과 그림을 관련 지으며 그림책 읽기

2. 자신의 경험을 매체와 연결 지어 표현하기
- 친숙한 매체와 매체 자료에 흥미와 관심 가지기
- 매체와 연결 지어 글과 그림으로 표현하기

이 단원에서는 매체가 무엇인지, 다양한 매체를 활용하여 정보를 접하거나 작품을 감상할 때 어떤 점이 다른지, 또 유의해야 할 점은 무엇인지를 탐색하며 배우는 과정이에요. 특히 요즘은 영상 매체가 활성화되면서 이러한 교육이 더욱 강조되었고, 디지털 매체를 접하는 아이들이 많아졌기 때문에 등장한 단원입니다. 매체가 다를 때 메시지가 어떤 방식으로 어떻게 전달되는지를 살펴보는 것이 핵심이에요. 매체 탐색 시 생각해 볼 질문을 맛보기 활동으로 소개할게요.

공익광고를 볼 때

○ 공익광고 사진이 등장하는 이유는 무엇일까요?

○ 공익광고 속 문구가 있는 이유는 무엇일까요?

만화를 볼 때

○ 만화 속 등장인물은 왜 저런 표정을 지었을까요?

○ 만화 속 말풍선은 어떤 역할을 할까요?

그림책을 볼 때

○ 그림책 속 그림은 왜 이렇게 그려졌을까요?

○ 왜 어느 부분은 글씨가 작고 다른 부분은 글씨가 클까요?

7단원. 내 생각은 이래요

1. 글쓴이의 생각 파악하기
- 글을 읽고 글쓴이의 생각 파악하기
- 글쓴이의 생각에 대한 자신의 생각 발표하기

2. 자신의 생각을 글로 쓰기
- 자신의 생각을 글로 표현하기
- 친구들이 쓴 글에 대한 자신의 생각 쓰기

주장하는 글을 쓰고 자신의 생각을 명료하게 정리해서 발표하거나 글로 표현하는 활동이에요. 자신의 생각을 표현할 때에는 생각에 대한 까닭을 밝히고 글을 읽을 사람을 고려하여 써야 한다는 점에 유의해야 합니다. 활동 후 다른 친구들은 어떤 주장하는 글을 썼는지 읽어 보면서 자신의 것과 비교를 하고 새로운 관점을 얻을 수도 있지요. 또 친구의 글에 자신의 생각을 덧붙이면서 활발한 소통이 이루어지게 합니다. 예시 글과 맛보기 활동을 소개할게요.

예시

제목: 놀이터에 그네를 더 만들어 주세요!
우리 학교 놀이터에는 재미있는 놀이기구가 많습니다. 하지만 그네는 딱 두 개밖에 없습니다. 그네는 인기가 많은 기구입니다. 그래서 친구들

이 너무 많을 때는 오래 기다려야만 합니다. 그래서 저는 그네를 더 많이 만들어야 한다고 생각합니다.

연습해 보기

위와 같이 주장하는 글을 써 보세요.

제목: _____

_____

_____

_____

_____

8단원. 나도 작가

1. 시나 노래 창작하기
- 겪은 일을 시나 노래로 표현한 작품 감상하기
- 겪은 일을 시나 노래로 표현하기

2. 이어질 이야기 상상하기
- 이어질 이야기를 상상하며 작품 감상하기
- 이야기를 읽고 이어질 이야기 상상하기

마지막 8단원은 작가가 되어 창작을 해 보는 활동입니다. 아이들이 작가처럼 창작활동을 한다는 것이 어려울 것 같다고요? 하지만 조금만 문턱을 낮춰 주면 오히려 아이들이기 때문에 더 기발하고 재미있는 표현이 많이 나옵니다. 그래서 아주 재미있는 수업이 될 수 있어요.

시나 노래 창작하기

시나 노래를 창작하는 활동은 일명 '노가바(노래 가사 바꾸기)' 활동으로 전환해서 하면 아이들이 매우 좋아합니다. 노래 가사의 일부를 바꾸어 보는 활동을 통해 자신이 작가처럼 노래 가사를 창작해 내는 것이지요. 무에서 유를 만들어 내듯이 시나 노래를 만들어 보라고 하면 아이들에겐 너무 어려워요. 기존의 시나 노래 가사와 같은 틀을 제시한 뒤 단어나 문장의 일부를 바꾸어 보라고 제시하면 아이들도 쉽게 접근할 수 있는 활동입니다.

이야기 만들기

이야기를 창작할 때도 기본 틀을 제시하고 작품을 구상할 시간을 충분히 줍니다. 전문 소설가처럼 처음부터 이야기를 만들어 나가라고 하면 너무 어렵습니다. 기존 이야기를 먼저 충분히 탐색해 보고, 이야기의 흐름을 순서대로 파악하고 나서, 그 뒤에 이어질 이야기를 상상해 보라고 하면 조금 쉽게 접근할 수 있지요. 그래야 아이들이 기발한 상상의 나래를 펼치며 좋은 작품을 만들 수 있습니다. 이때는 꼬마 작가들의 다양한 이야기들이 넘쳐나는 시간이 되겠지요.

●TIP●

아이들이 이야기를 상상할 때 잔인하고 엽기적인 이야기를 만들어 낸다면 어떻게 해야 할까요?

아이들은 어른과 달리 가끔 엽기적이고 잔인하고 우스꽝스러우며 더러운 것을 재미있어 합니다. 어른이 볼 때는 눈살이 찌푸려지는 것인데 아이들은 재미있어 배꼽을 잡는 경우가 많거든요. 아이들이 어른의 기준에 맞지 않는 잔인해 보이고 엽기적인 이야기를 상상하고 말한다고 너무 강한 제재를 가하는 것은 좋지 않습니다. 자칫하면 아이들의 상상력과 창의력을 막는 부정적인 결과가 일어나기도 합니다. 피가 낭자하고 잔혹한 것만 아니라면 아이들의 상상력을 받아들여야 합니다.

실제로 아이들이 글을 쓸 때 결말이 '죽었다.'로 끝나는 경우가 많습니다. 또는 방귀, 똥과 같은 단어들도 많이 등장합니다. 아이들은 이러한 글감을 좋아하며 재미있어 합니다. 아이들의 이러한 점을 인정하고 받아들이면 시간이 지날수록 점차 이러한 단어가 줄어들고 정돈이 될 것입니다. 아이의 관점에서 아이들의 말과 글을 받아들여야 한다는 것, 잊지 마세요!

예시 자료를 소개합니다. 당시 유행하던 만화 '코코밍'의 캐릭터를 등장시키고 '이상한 나라의 앨리스' 이야기 틀을 바탕으로 하여 아이들이 창작한 이야기입니다. '마법의 모래시계'가 작동하면 코코밍 캐릭터들이 세계 여러 나라로 떨어진다는 설정으로 창작했습니다.

제목 : 마법의 모래시

럭키명의 일당은 떨어졌지요.
그리자 떨어진 곳이
소 수레였던 것이에요.
그리자 럭키명이 "여기
가 어디지?" 그리자
케이명이 말했어요.
"여긴 도쿄 일본이라는
곳이야." "그, 그래?
키리키?" 라고 북돌
이가 말했지요. 북돌
이는 마음 속으로 '말
했니요. '일본군이랑

싸워서 죽으면?' 이
라고 마음속으로 얼
떨떨하며 무서워 했죠.
하지만 럭키명은 용감
해서 절대 무섭지
않았죠 그리자 럭키명
이 겁에 질린 얼굴로
"으악! 뭐지?" 라고
말했죠. 그때, 소의
주인인 모르는 사람이
소 보고 "가 가자" 라고
명령을 내렸지요
하지만 럭키명 일당은
침착하게 맨 위에 있는

아이들이 좋아하는 캐릭터와 이야기를 소재로 만든 창작 이야기

2학년 2학기
국어 수업의 효과

    초등학교 2학년 2학기 국어를 공부하고 나면 어떤 효과가 있을까요? 2학년 2학기까지 모두 마치고 나면 2학년에서 중요한 목표인 "읽기 유창성"과 "언어 이해력"이 향상되었을 겁니다. 3학년에 올라가기 전 필요한 초기문해력이 잘 형성되어 본격적인 3학년 교과 내용을 공부할 준비가 된 것이지요. 발음과 문법 차원에서도 좀 더 세심하게 한글을 다룰 줄 알게 되고, 제법 긴 글도 잘 읽고 내용을 이해할 수 있어요. 2학년 2학기까지 모든 수업을 마치고 나면 어떤 것들을 잘 할 수 있게 되는지 알아볼게요.

완벽하게 소리 내어 읽는다

2학년 1학기보다 더 능숙하고 자연스럽게 읽을 수 있는 능력이 키워집니다. 이제 문장 구조를 덩어리로 인식하는 눈이 더 좋아지고, 의미를 잘 전달하기 위한 띄어 읽기, 발음, 억양 등을 빠르게 파악하여 바로 읽을 수 있어 한 편의 글을 술술 읽어 내려가는 수준까지 소리 내어 읽을 수 있습니다.

생활 속 글쓰기를 할 수 있다

설명하는 글쓰기와 주장하는 글쓰기를 시작합니다. 자신이 알고 있는 것을 자세하게 설명하면서 정보를 전달하는 형태의 글을 쓰는 것, 또 나의 주장과 그 까닭을 들어 의견을 제시하는 글을 쓰는 활동을 통해 생활하는 데 필요한 글을 쓰는 것을 본격적으로 시작하게 되지요. 그래서 이때부터 관찰력을 기르는 연습이 필요합니다.

문법에 맞게 쓴다

2학년 2학기에도 문법 공부는 틈틈이 계속 이루어집니다. 헷갈리는 발음, 잘못 쓰기 쉬운 철자를 구별하여 바르게 쓰는 법을 계속 공부하고, 정확한 발음과 맞춤법으로 글을 읽고 쓸 수 있도록 하지요. 2학기가 끝나갈 무렵이 되면 한글 발음과 철자의 정확도가 높아지도록 노력해야 합니다.

마무리 활동

다음 중 낱말을 맞게 쓴 문장에 ○표를 해 보세요.

○ 우리는 새 집을 지었다. (　　)
　 우리는 새 집을 짓었다. (　　)

○ 어제 바람이 몹시 셌다. (　　)
　 어제 바람이 몹시 쎘다. (　　)

○ 아끼는 지우개를 잃어버렸어요. (　　)
　 아끼는 지우개를 잊어버렸어요. (　　)

○ 아버지께서 강가에 배를 띄우셨다. (　　)
　 아버지께서 강가에 배를 띠우셨다. (　　)

○ 할머니께서 아이를 안으셨다. (　　)
　 할머니께서 아이를 앉으셨다. (　　)

○ 사과를 맛있게 먹어요. (　　)
　 사과를 맛있게 머거요. (　　)

○ 나는 어제 친구와 밥를 먹었어요. (　　)
　 나는 어제 친구와 밥을 먹었어요. (　　)

긴 글을 읽고 이해하기 시작한다

이제는 다소 긴 글이 나오더라도 전체적으로 쭉 읽고 파악할 수 있습니다. 전반적인 내용이 무엇이었는지, 흐름은 어떠한지, 시간 순서대로 어떻게 이야기가 흘러갔는지 대략적인 줄거리가 머릿속에 확 들어올 수 있습니다. 이제는 글밥이 많다고 당황하거나 걱정하지 않아요. 다 읽고 나면 이게 무슨 내용이었는지 한 번에 조망할 수 있는 능력을 꾸준히 길러 줍니다.

영상을 볼 때도 생각을 하게 된다

우리가 접하는 다양한 매체들의 특징을 살펴볼 수 있는 눈이 생깁니다. 이전에는 막연하게 아무 생각 없이 보아 넘겨왔던 여러 매체가 각각의 특징과 장점을 갖고 나에게 정보를 전달하고 있었음을 알게 됩니다. 이러한 탐색 과정을 통해 비판적인 사고 능력을 기르고, 같은 정보라도 어떤 매체를 통해 나에게 오느냐에 따라 그 내용이 전달되는 방식이나 느낌이 다를 수 있다는 것도 알게 됩니다. 아이들이 스스로 즐겁게 즐기는 디지털 매체나 만화, 광고, 인터넷이나 SNS 게시글과 같은 매체들이 어떤 특성을 가지고 있고, 이를 어떻게 받아들여야 할지 생각해 보게 하는 좋은 교육이 됩니다.

매체 특징 살펴보기

내가 좋아하는 매체를 생각해 보고 그 매체의 특징과 나의 태도를 정리해 적어 보세요.

○ 내가 좋아하는 매체: _____

○ 그 매체의 특징: _____

_____

_____

○ 나의 태도: _____

_____

_____

예

○ 내가 좋아하는 매체: 유튜브

○ 그 매체의 특징: 영상으로 내용을 보여 준다. 눈으로 보니까 쉽게 이해된다. 소리도 재미있게 난다. 가만히 앉아서 보거나 누워서 볼 수 있다. 많은 것을 알 수 있게 해주고 재미있게 볼 수 있다.

○ 나의 태도: 재미있어서 너무 많이 보면 눈이 나빠지니까 하루에 30분만 보아야겠다.

2학년부터는 한글로 표현할 때
좀 더 명확하고 정교하게 표현할 수 있도록 하는
과정이 필요한 시기입니다.
발음을 정확하게 읽을 수 있도록 오류를 바로잡고,
글의 의미와 느낌까지 잘 살려 읽어야 합니다.

6장

집에서 할 수 있는
초등 2학년
문해력 심화 활동

2학년 때는 문장을 자연스럽게 띄어 읽고 발음도 더 정확해질 거예요. 그뿐만 아니라 글에서 중요한 단어를 찾아 내용을 파악하기 시작해요. 또 정보성 글도 읽으며 다양한 정보와 의견을 접하면 사고력이 쑥쑥 자라나요! 함께 해 볼까요?

지금부터 2학기에 필요한 문해력 심화 활동들을 소개하겠습니다.

시기	활동 예시
1학기	유창하게 읽기(기초), 어휘 확장 놀이, 식물 관찰 기록
여름방학	유창하게 읽기(심화), 인물 탐구 활동(심화)
2학기	중심 단어 찾기, 가을 야외 나들이
겨울방학	도서관 책 분류 체계 탐색하기, 어린이 신문 읽기

1학기
문해력 심화 활동

2학년 1학기는 1학년 때 배워서 알고 있는 한글을 좀 더 익숙하게 내 것으로 만들고 완전히 몸에 잘 맞는 옷을 입은 것처럼 만들어 습득하기 위한 훈련이 필요합니다. 이를 위해 한글을 정교하게 다듬는 다양한 활동들을 해 보세요.

유창하게 읽기(기초)

2학년 시기부터는 읽기 유창성을 폭발적으로 키워야 하는 시기입니다. 일단 1학기 동안에는 겹받침까지 포함한 모든 형태의 한글을 다 떼어 가는 과정이기 때문에 한글을 정확하게 발음하는지 확인하는 게 좋습니다. 혹시나 헷갈리거나 어려워하는 발음이 있다면 도움을 줄 수 있고요. 활동하면서 체크해야 할 포인트는 발음에 주의하며 읽기, 의미별로 띄어 읽기입니다. 정확한 발음으로 글 읽는 연습을 하면 의사소통 능력도 좋아지고 자신감도 커져서 언어를 다루는 종합적인 능력이 좋아질 수밖에 없습니다.

발음 주의하며 읽기 · 겹받침

규칙	받침	낱말	발음
앞쪽 받침 읽기	ㄱㅅ	몫	[목]
	ㄴㅈ	얹다	[언따]
	ㄴㅎ	않다	[안타]
	ㄹㅅ	곬	[골]
	ㄹㅎ	옳다	[올타]
	ㄹㅌ	훑다	[훌타]
	ㅂㅅ	없다	[업따]
	ㄹㄱ	맑고, 맑게	[말꼬][말께] *ㄹㄱ+ㄱ은 ㄹ로 발음해요.
	ㄹㅂ	넓다, 얇다, 짧다	[널따], [얄따], [짤따]
뒤쪽 받침 읽기	ㄹㄱ	맑다, 읽다, 늙다	[막따], [익따], [늑따]
	ㄹㅂ	밟다	[밥따] *ㄹㅂ 받침에서 '밟다'만 예외적으로 뒤쪽 받침을 발음해요.
	ㄹㅁ	젊다	[점따]
	ㄹㅍ	읊다	[읍따]

2학년 시기부터는 겹받침이 나왔을 때 어떻게 읽어야 제대로 읽는 것인지를 연습하는 활동을 통해 겹받침을 막힘없이 정확하게

읽을 수 있어야 합니다. 겹받침을 읽는 규칙은 위의 표와 같습니다. 이를 설명해 주고 충분히 연습해서 아이가 자연스럽게 발음하고 읽을 수 있도록 접하게 해 주세요.

✏️ ㄹㄱ과 ㄹㅂ은 글자마다 다르게 적용되는 부분이 있어 헷갈릴 수 있어요. 충분히 연습해서 익숙해지도록 해요.

활동 방법 ··
[워크북 5] 겹받침 읽기 연습 활동지 18페이지 수록

❶ 겹받침 단어가 적힌 활동지를 보고 소리 내어 읽습니다.
❷ 읽기 규칙을 설명하고 헷갈리는 부분을 집중 연습합니다.

•TIP•

대부분 받침이 두 개일 경우 앞에 있는 받침으로 발음하는 것이 원칙이지만, 몇 가지 예외가 있으니 이를 주의해서 발음할 수 있게 알려 주세요.

발음 주의하며 읽기·음운규칙

우리나라의 발음은 뒤에 오는 철자에 따라 발음이 달라지는 경우가 있지요. 이 현상에 따라 정확하게 읽어 내도록 해야 하는 시기가 2학년 시기입니다. 학습적으로 접근해서 지도하기보다는 자연스럽게 사례를 통해 접하면서 한글을 탐구할 수 있게 해 주고 반복적으로 읽어서 습득하는 것이 좋아요. 다양한 글을 읽으면서 자연스럽게 올바른 발음을 익힐 수 있도록 해 주세요.

2학년 때 주의해서 읽어야 발음

○ 꽃이[꼬치], 꽃안[꼳안 → 꼬단], 불안[부란], 밑에[미테]

○ 축하[추카], 싫지[실치]

○ 좋은[조은], 않는[안는]

○ 해돋이[해도지], 밭이[바치]

○ 입술[입쑬], 학교[학꾜]

○ 막내[망내], 앞머리[암머리], 이튿날[이튼날]

○ 설날[설랄], 난로[날로], 신라[실라]

○ 솔잎[솔립], 솜이불[솜니불]

○ 초+불 → 촛불, 뒤+문 → 뒷문

활동 방법

[워크북 6] 음운규칙 읽기 연습 활동지 19페이지 수록

❶ 다양한 음운규칙을 포함한 단어를 자연스럽게 읽어 보는 연습을 합니다.

TIP

아이가 모르는 단어가 나올 때, 그 단어의 발음과 뜻을 함께 알려 주고 이를 문장에서 사용해 보도록 유도합니다. 매일 5~10분씩 집중적으로 연습하며 자연스럽게 규칙을 익힙니다.

의미별로 띄어 읽기

속도, 발음, 운율을 살려 정확한 발음으로 읽을 수 있도록 연습하도록 해요. 특히 의미 어절별로 알맞게 띄어 읽을 수 있도록 해야 해요. 의미를 담고 있는 문자들끼리는 덩어리로 묶어서 읽어야 의미 전달이 자연스럽게 이루어지기 때문에 이러한 활동은 구어 서술 능력을 향상시키고 말을 유창하게 잘하는 아이로 만드는 데 중요한 활동입니다. 몇 가지 예를 소개합니다.

1단계(띄어 쓴 곳 모두 띄어 읽기-천천히)

친구들과/ 함께/ 사이좋게/ 지내요.

2단계(의미 단위로 띄어 읽기-조금 빨리)

친구들과 함께/ 사이좋게 지내요.

3단계(문장부호에 유의하며 읽기)

친구야,(쉬고)/ 너는 어떤 걸 좋아하니?(끝을 올려 읽기)

활동 방법 ···

[워크북 7] 띄어 읽기 연습 활동지 20페이지 수록

❶ 문장을 읽을 때, 의미 단위로 묶어 띄어 읽도록 연습해요.

예 친구들과/ 함께/ 사이좋게/ 지내요.

···▸ 친구들과 함께/ 사이좋게 지내요.

어휘 확장 놀이

아는 단어를 조금씩 확장하기 시작해 봅시다. 2학년부터 천천히
낱말을 모으는 낱말 수집가가 되도록 해 주세요. 아는 단어가 많아
지면 나중에 글이 길어져도 술술 읽을 수 있는 무기가 됩니다. 2학
년부터 천천히 조금씩 꾸준히 시작해 보세요.

낱말 수집가

낱말 수집가가 되어 여러 낱말을 모아 봅시다. 평소 생활하면
서 주변에서 아이가 좋아하는 낱말을 모으도록 합니다. 지나가던
간판에서도, 잡지나 광고 전단지에서도, 책 속에서도 찾을 수 있
는 눈길 가는 낱말, 신기한 낱말들을 찾아 모읍니다. 작은 수첩이
나 노트를 가지고 다니면서 학교를 오가는 길에 보았던 것들을 틈
틈이 적어 놓아도 좋습니다. 아니면 집에서 주말에 뒹굴거리며 생
활하다가 그때그때 끌리는 낱말을 포스트잇에 적어서 한쪽 벽면에

모아 놔도 좋습니다. 단어를 모으면서 그 단어를 어디에서 봤는지, 왜 그 낱말이 좋았는지 이야기를 나누는 것도 좋습니다.

다 모은 뒤 시간이 날 때 그 낱말들을 뽑아 문장 만들기 놀이를 해 보세요. 이 활동으로 아이는 그 단어를 자기 것으로 만들 수 있습니다. 그리고 또 나중에 그 단어를 사용하기 좋은 상황이 되었을 때 다시 꺼내어 활용할 수 있지요. 이러한 방식으로 놀이를 하면 어휘력이 상당히 좋아집니다.

활동 방법 ....

❶ 작은 수첩이나 포스트잇을 활용해 주변에서 본 흥미로운 낱말을 기록합니다.

❷ 간판, 잡지, 광고 전단지 등 다양한 매체에서 낱말을 모아 봅니다.

❸ 주말에는 모은 낱말을 정리하며 '문장 만들기 놀이'를 진행합니다. 예를 들어, '편의점'이라는 단어를 모았다면, '편의점'이 들어가는 문장을 최대한 많이 만들어 보는 놀이를 해 보세요.

•TIP•

부모와 함께 낱말을 정리하며 왜 그 단어가 흥미로웠는지 대화를 나눕니다.
정리한 단어를 모아 단어 수첩을 만들어 활용할 수도 있습니다.

줄줄이 말하기

신서유기나 지구오락실 등과 같은 예능 프로그램에서 주로 나와서 우리에게 익숙한 게임을 아이들에게 적용해 볼까요? 관련 단어 〈줄줄이 말해요〉 게임을 해 보는 거에요.

음식, 옷, 학교, 마트, 책 제목, 색깔 등 아이들과 친숙한 내용을 주제로 "하나, 둘, 셋!" 하면 말할 수 있도록 해서 긴장감 넘치는 게임을 해봐요. 실제 예능 프로그램에 나오는 것처럼 손가락 막대기를 가지고 해 보면 아이들도 출연자처럼 매우 좋아합니다.

❶ 아이와 함께 특정 주제를 정하고 주제와 관련된 단어를 차례로 말합니다.

예

진행자 음식과 관련된 단어 말하기, 하나, 둘, 셋!

아이 떡볶이

진행자 (다음 순서 가리키며) 하나, 둘, 셋!

아이 불고기

진행자 (다음 순서 가리키며) 하나, 둘, 셋!

아이 치킨

원숭이 엉덩이는 빨개

'원숭이 엉덩이는 빨개~, 빨가면 사과, 사과는 맛있어, 맛있으면?' 하고 다음 단어를 연결시켜서 흐름이 끊길 때까지 길게 이어지는 활동입니다. 흐름이 끊기지만 않으면 되니까 창의적으로 단어를 연결시켜 말놀이의 즐거움을 느낄 수 있고 또 아이들의 뇌를 팍팍 자극할 수 있어요. 차 타고 어디 이동할 때 이 음악을 틀어 주고 이 노래의 가사를 바꿔서 만들어 보라고 해 보세요. 아이가 가사를 재미있게 바꾸려고 이리저리 머리를 굴리는 동안 시간이 훌쩍 지나갈 수 있답니다.

활동 방법

❶ '원숭이 엉덩이는 빨개 ⋯▸ 빨가면 사과 ⋯▸ 사과는 맛있어'와 같이 단어를 연결하며 이어갑니다.

식물 관찰 기록

봄을 맞이하여 식물을 기르기 시작한다면 식물을 키우고 간단하게 관찰 기록지를 작성해 보는 활동을 추천해요. 관찰력과 표현력을 키우는 건 물론이고 문장을 만드는 연습도 자연스럽게 이루어집니다. 강낭콩이나 방울토마토 모종처럼 싹이 트고 잎이 나고 꽃과 열매 맺는 것까지 다 볼 수 있는 식물이 아이들이 관찰하기에 제일 적합한 식물들입니다. 아니면 상추나 청경채처럼 수확하여 먹을 수 있는 작물을 직접 재배해 보는 것도 좋아요. 관찰 내용을 문장으로 어떻게 표현할 수 있을까 고민하다 보면 이 또한 문해력을 향상시키는 활동으로 연결될 수 있습니다. 또 초록이들을 관찰하면서 마음도 따뜻해지고 정서적으로도 감성이 풍부해지는 아이들의 모습을 확인할 수 있으니 '일석이조'겠네요.

활동 방법 ···

❶ 식물을 선택할 때는 강낭콩, 방울토마토 같은 변화가 뚜렷한 식물이 좋습니다.

❷ 수확하여 직접 먹을 수 있는 상추 종류도 좋습니다.

❸ 식물이 자라는 과정을 매일 기록합니다(싹이 트는 모습, 잎 모양 변화 등).

❹ 관찰 일지를 쓸 때 "오늘은 강낭콩에 잎이 두 개 나왔어요. 잎
모양이 동그랗고 초록색이에요."처럼 간단한 문장으로 작성합
니다.

•TIP•

아이가 기록한 관찰 내용을 부모님과 함께 읽고 대화를 나누며 기록의 중요
성을 느끼게 합니다. 또 스마트폰 연동형 식물 키트(예: LG 미니 틔움)를 활
용해 디지털 식물 일지를 작성하도록 하여 관찰과 기록을 수월하게 할 수도 있
습니다.

식물 관찰 기록 사진

여름방학
문해력 심화 활동

여름방학은 1학기 동안 배운 내용을 복습하고, 2학기를 대비하며 한 단계 높은 문해력을 키울 수 있는 중요한 시기입니다. 특히 1학기 말부터 시작된 인물의 마음을 짐작하는 공부는 공감 능력과 읽기 이해력을 동시에 키우는 핵심 활동입니다. 방학 중에는 이러한 학습을 실생활과 연계하며 즐겁게 확장할 수 있는 기회를 만들어 보세요.

또 이 시기부터는 한글 해독과 유창한 읽기가 완성 단계에 이름과 동시에 읽기 이해력을 향상시키기 위한 노력이 필요할 때입니다. 어휘와 문장 구조에 대해 이해하고, 자신의 배경지식을 활용해서 내용을 유추하고 이해하는 능력이 필요해져요. 이제 유창한 읽기는 완성 단계에 이르러야 하고, 다양한 상황 속에서 맥락을 이해하고 유추하기 시작해야 합니다. 여름방학 동안 다양한 매체를 통해 맥락을 이해하는 연습을 하면 좋은데, 특히 아이들이 좋아하는 이야기 상황 속에서 인물의 마음에 공감하고 내가 상황을 제대로 이해하고 있는지 확인하고, 이해되지 않는 부분은 질문하며 되짚어 보는 일련의 활동을 통해 아이의 언어 이해력을 끌어올리는 경험을 할 것을 추천합니다.

유창하게 읽기(심화)

1학기에 했던 유창하게 읽기 활동을 좀 더 난이도를 높여서 해 봅시다. 예전보다 속도를 좀 더 올려서 빠르고 정확하게 읽는 연습, 그리고 의미가 잘 전달될 수 있도록 분위기를 살려 읽는 활동입니다. 이렇게 해서 2학년 시기에 문해력의 기반을 탄탄하게 다질 수 있도록 해야 합니다.

속도 올리기

정확한 발음으로 읽는 것, 의미에 맞게 띄어 읽는 것을 유창하게 할 수 있도록 좀 더 속도를 올려 읽도록 연습해 보세요. 이제는 아주 자연스럽고 유창하게 읽는 활동이 완성되어야 합니다. 마치 한국어를 접하는 외국인처럼 다소 어색한 느낌이 아니라, 완벽한 한국인이 한국어를 하는 것 같은 수준의 모국어 소화 능력을 갖추어야 합니다. 그래서 막힘없이 술술 빠르게 읽어 내려가고 발음 또한 정확하며 의미 전달력까지 갖출 수 있도록 읽어 줍니다.

활동 방법

[워크북 8] 유창하게 읽기(심화) 활동지 21페이지 수록

❶ 일정 분량을 정하고 속도와 발음을 체크하며 반복 연습합니다.

❷ 읽는 시간을 측정하여 조금씩 속도를 높여 보세요.

❸ 문장을 막힘없이 읽으며, 문장부호와 발음에 유의합니다.

> **TIP**
>
> 문장이 길 경우 문장이 끝나지 않은 상태에서 다음 줄로 내려가며 이어지는데, 이때 아이들이 주저하는 경우가 있습니다. 이럴 때는 다음 문장까지 미리 보고 이를 붙여서 읽을 것인지 띄어 읽을 것인지 빠르게 판단하고 읽어야 의미가 자연스럽게 전달된다는 것도 알려 주세요.

분위기 살려 읽기

1학기에 의미를 생각하여 띄어 읽기를 했다면 이제 여름방학 때는 분위기를 살려 읽는 연습을 해 보세요. 분위기를 살려 읽게 되면 인물의 마음을 짐작하기가 더 쉬워집니다. 그러한 연습을 통해 작품의 느낌을 더 생생하게 살릴 수 있고 아이의 공감 능력도 자랍니다. 시를 낭송하거나 이야기를 구연동화처럼 실감 나게 읽는 활동을 하면 좋습니다.

글의 분위기를 살려 읽으려면 글의 주제와 내용에서 전달하고자 하는 감정을 이해하고 이를 느낄 수 있도록 하는 것이 우선입니다. 주인공의 기분이나 상황에 몰입할 수 있도록 해 주세요. 또 문장의 의미에 맞춰 발음과 억양을 조절하도록 합니다. 감정이 담긴 부분을 강조하고, 차분한 부분은 부드럽게 읽히도록 신경 써야겠지요? 속도 조절도 필요합니다. 긴장감이 필요한 부분은 느리게, 긴장이 풀리는 부분은 빠르게 읽으면서 속도를 조절하면 자연스럽게 분위기가 잘 전달됩니다.

활동 방법

[워크북 9] 구연동화 연습 활동지 23페이지 수록

❶ 억양과 속도를 조절하며 읽습니다.

❷ 긴장되는 부분은 천천히, 즐거운 부분은 활기차게 읽도록 알려 주세요.

TIP

아이와 함께 목소리를 녹음해 보고 내용을 들어보며 스스로 돌아보도록 해 주세요. 아이가 굉장히 재미있어 하고 또 자신감을 동시에 얻을 수 있습니다.

인물 탐구 활동(심화)

　　2학년 때는 글을 읽고 내용을 이해하는 것뿐만 아니라 감정적으로 공감하고 소통하고 이해하는 부분도 중요하게 배웁니다. 특히 감정에 공감하는 능력은 세상을 살아가는 데 반드시 필요한 능력이지만 요즘 아이들이 어려워하는 것 중 하나입니다. 인물의 감정이나 상황을 파악하기 위한 인터뷰 질문지 만들기 활동, 그리고 이를 바탕으로 현재 인물의 머릿속은 어떠할지 짐작하여 뇌 구조를 그려 보는 활동을 통해 공감 능력과 의사소통 능력을 키워 보도록 해요.

인물 인터뷰 질문지 만들기

　　이야기 속의 인물에게 인터뷰를 진행한다고 생각하고 질문지를 만들어 보는 활동을 추천해요. 이 인터뷰 질문을 통해 아이들이 인물에 대해 궁금한 점을 생각해 보고, 인물을 좀 더 깊이 탐색할 수 있도록 합니다. 단순히 겉으로 보이는 행동뿐만 아니라, 왜 그러한 행동을 하게 되었는지, 사건에 따라 보는 각도를 달리해 보면 어떤 시각에서 바라볼 수 있는지 다양하게 생각해 볼 수 있어요.

❶ "이 인물이 왜 이런 행동을 했을까?"를 중심으로 질문을 만들어
봅니다.

예

"네가 이 상황에서 왜 그렇게 말했니?"

"다른 방법으로 해결할 수는 없었을까?"

"그때 어떤 기분이었어?"

"다른 인물은 이 상황에서 어떻게 느꼈을까?"

"이야기 속에서 가장 바꾸고 싶은 순간은 언제야?"

그런 다음 만들어진 질문을 부모님이나 친구와 함께 이야기하
며 답을 상상해 봅니다.

TIP

질문지를 만든 뒤 아이와 역할극을 하며 실제 대화하는 것처럼 놀이해 보세
요. 실제로 아이가 부모님을 그 인물이라고 생각하고 인터뷰를 진행하듯이 실
감 나게 대화해 보세요.

인물의 뇌 구조 그리기

이야기 속 등장인물의 뇌 구조를 그려 보는 활동은 아이들이 매
우 좋아하면서도 인물을 탐색하고 깊이 있게 공감하는 데 아주 좋

은 활동입니다. 등장인물의 머릿속에 지금 어떤 생각을 하는 것 같은지 추측해서 접근해 보고 이를 뇌 구조라는 그림으로 시각화해서 표현하는 활동을 하기 때문에 인물에 대한 여러 가지 특징이나 생각을 한눈에 보여 주는 형태로 정리할 수 있어 이 시기 아이들의 문해력을 기르는 데 아주 좋습니다.

활동 방법 ···

[워크북 10] 인물의 뇌 구조 그리기 활동지 24페이지 수록

❶ 등장인물이 어떤 생각을 하고 있을지 떠올리며 다양한 키워드를 적습니다.

❷ 각 키워드를 머릿속 구역으로 나누어 '뇌 구조' 그림을 완성합니다.

❸ 완성된 그림을 바탕으로 가족과 이야기를 나눕니다.

•TIP•

완성된 뇌 구조 그림을 함께 감상하며 "이런 생각이 들어서 이 행동을 했구나!"라는 식으로 인물의 감정을 이해하는 시간을 가져 보세요.

2학기
문해력 심화 활동

2학년 2학기부터는 지금까지 다져온 문해력을 탄탄히 하고 3학년부터 본격적으로 시작되는 문해력 활동에 무리가 없도록 해야 합니다. 그중 중요한 활동으로 이제는 다소 긴 글을 읽고 중심 내용을 찾아보는 활동을 시작합니다. 2학년 2학기부터 시작해서 3학년이 되면 이 부분을 중점적인 활동으로 다룹니다. 글밥이 많은 글을 읽고 무슨 내용이었는지 체크해 보는 것부터 시작해 보세요.

또 주변 현상을 관찰하고 자신의 생각을 다양한 방법으로 표현할 수 있도록 유도하기 좋은 시기예요. 이 시기에 할 수 있는 구체적인 활동을 소개할게요.

중심 단어 찾기

　글을 읽고 핵심을 추려 내는 연습을 조금씩 시작해 보는 시기입니다. 한 문단 정도 되는 글을 읽고 중심이 되는 단어를 파악해 보도록 합니다. 중심 단어를 파악하면 글의 중요한 정보를 빠르게 처리하고 기억하는 데 도움이 됩니다. 또 내용을 분석해서 걸러 내야 하므로 비판적 사고력을 기르기 시작하게 되지요. 이 연습을 많이 하면 앞으로 학년이 올라가 긴 글을 읽더라도 주제를 파악하는 능력이 생겨 텍스트를 읽고 이해하는 속도가 빨라집니다. 중심 단어를 찾기 위해 텍스트를 세심히 읽고 분석해야 하므로 이 활동을 통해 학생들의 집중력을 높인다는 장점이 있어요. 주의 깊게 글을 읽는 습관을 기르는 데도 유익합니다.

활동 방법 ···

[워크북 11] 중심 내용 찾기 활동지 25페이지 수록

❶ 한 문단 정도의 글을 읽고 핵심 단어를 찾아 표시합니다.

❷ "이 글에서 가장 중요한 단어는 무엇일까요?", "왜 그렇게 생각하나요?" 질문을 통해 중심 단어의 이유를 생각하게 합니다.

❸ 그림이나 삽화를 활용해 중심 단어를 시각적으로 표현하며 흥미를 높입니다.

　예 "나무뿌리는 무슨 일을 할까요?"라는 글을 읽었다면, 중심 단어로 '뿌리', '영양분', '지탱'을 찾아내고, 각 단어가 글에서 어떤 역할을 하는지 대화를 나눠 보세요.

가을 야외 나들이

가을 야외 나들이는 집에서 주말을 이용해 간단히 가족이 함께할 수 있습니다. 이 시간을 잘 활용하여 문해력을 기를 수 있는 방법을 소개할게요. 야외 나들이를 하면서 자연을 관찰하고 경험한 것을 글과 언어로 표현하는 활동과 결합하면 됩니다.

가을을 주제로 이야기 나누기

가을은 이야깃거리가 풍성한 계절입니다. 이 계절의 특성과 시기를 이용해서 가을을 활용한 대화만 잘 나누어도 아이들의 문해력을 폭발적으로 키워 줄 수 있어요. 집에서 나뭇잎이나 가을의 자연을 주제로 이야기를 나누어 보세요. 가을 나뭇잎, 도토리, 열매 등을 관찰하며 관련된 여러 가지 풍경을 감상하고 말로 표현해 봅니다. 나뭇잎, 열매, 곤충, 하늘 등 주변에서 볼 수 있는 가을의 특징을 관찰하고 이를 묘사하면서 가을과 관련된 언어를 모아 보고 표현해 보는 겁니다. 가정에서도 해 볼 수 있는 활동 예시를 소개할게요.

아이들과 집에서 나눌 수 있는 가을 이야기

○ "나뭇잎 색깔이 왜 변할까?"

○ "가을에 어떤 소리를 들을 수 있을까?" (바람 소리, 낙엽 밟는 소리 등)

○ "이번 주말에 가을 소풍을 가고 싶은데, 어디가 좋을까?"

○ "오늘 본 가장 가을다운 풍경은 뭐였어?"

○ "가을이 오면 어떤 기분이 드니? 왜 그렇게 느껴질까?"

○ "낙엽이 떨어지는 걸 보면 기분이 어떠니?"

○ "가을에 가장 좋아하는 냄새나 소리는 뭐야?"

○ "바람이 불 때 어떤 느낌이 들어?"

○ "가을에 밖에서 어떤 재미있는 일을 할 수 있을까?"

○ "너도 낙엽을 모아서 무언가 만들어 보고 싶니?"

○ "낙엽으로 무얼 만들면 좋을까? 그림? 가랜드?"

○ "단풍 구경하면서 사진 찍는 건 어때?"

○ "가을은 어떤 계절인 것 같아?"

○ "가을 하늘은 왜 높고 푸를까?"

○ "'가을' 하면 떠오르는 곳이 있니?"

이러한 주제로 이야기 나누면서 서로의 표현을 듣고 자신의 생각을 정리하는 과정을 통해 가족 간의 사이도 돈독해지고 의사소통 능력을 기를 수 있습니다. 가을 자연에서 느낀 감정(따뜻함, 쓸쓸함 등)을 표현한 글을 가족들과 공유함으로써 감정을 언어로 표현하며 타인과 교감하는 능력을 키울 수 있어요.

가을 시 만들기

가을 풍경을 관찰한 후 자유롭게 짧은 시를 지어 보세요. 가을은 눈으로 관찰했을 때 색의 변화가 두드러지게 나타나고, 더운 여름이 지나간 뒤 다소 쌀쌀하면서 시원하게 기분 좋은 느낌을 받을 수 있는 계절입니다. 그래서 아이들이 눈으로 보고 몸으로 느끼며 직관적으로 받는 감정을 표현하기에 좋은 계절이에요. 빨갛게 또는 노랗게 변한 단풍잎들을 관찰하고 살랑살랑 부는 가을바람을 느끼며 다양하고 구체적으로 표현하는 능력을 기를 수 있습니다. 예를 들어, "빨간색 단풍잎이 말했어", "가을 바람이 불어 춤을 춰요." 와 같은 표현을 해 보는 것이지요. 자연에서 얻은 느낌을 언어로 표현하는 과정에서 창의적이고 풍부한 문장을 구성하는 능력을 기를 수 있습니다. 가정에서도 해 볼 수 있는 활동 예시를 소개할 게요.

가을 관련 시 짓기

○ 가을 바람

가을 바람이 불어요

내 머리카락이 춤을 춰요

낙엽들도 따라 춤춰요

가을은 춤추는 계절이에요

○ **단풍잎의 속삭임**

빨간색 단풍잎이 말했어요

"나 오늘 너무 예쁘지?"

노란색 단풍잎이 대답했어요

"넌 가을의 주인공이야!"

TIP

저학년은 짧고 간결한 시를 짓도록 해서 분량에 대한 부담을 없애는 게 좋아
요. 4줄 정도면 충분하고 그보다 더 짧아도 좋습니다. 실제로 시는 분량이 짧
아 아이들이 부담 없이 접근할 수 있어서 다른 글짓기 활동보다 시 짓기를 좋
아하는 경우가 많아요.

가을 관련 활동 및 기록하기

낙엽 가랜드 만들기, 낙엽을 이용하여 고슴도치 모양 만들기(나
뭇잎 콜라주), 도토리나 솔방울에 눈, 코, 입을 그려 인형 만들기 등
가을과 관련된 재미있는 활동을 해 본 뒤 그 활동을 기록으로 남겨
보세요. 또 가을은 추수, 수확의 계절이니까 감사 나무 만들기와
같은 활동을 하면서 감사하는 마음을 갖는 활동을 하기에도 좋은
계절입니다. 이러한 활동을 해 보고 그 과정을 기록하는 활동을 해
보세요. 아이들은 자신의 경험을 돌아보고 전체적인 맥락에서 기

록하면서 이를 통해 실생활과 연결된 문해력을 기를 수 있습니다.

가을 관련 활동

○ **나뭇잎 콜라주 만들기** 여러 색깔의 낙엽을 모아 동물, 나무, 집 등 다
  양한 모양을 만들고 A4 용지나 큰 도화지 위에 낙엽을 붙여서 꾸미기

○ **낙엽에 물감을 묻혀 스탬프처럼 찍기**

○ **도토리 인형 만들기** 도토리나 솔방울에 눈, 코, 입을 그리거나 붙여
  인형 만들기

○ **가을 리스 만들기** 낙엽, 도토리, 솔방울, 말린 꽃 등 자연 재료로 리
  스를 만들어 문이나 벽에 걸고 리스에 LED 조명을 추가해서 더 따뜻
  한 분위기 연출해 보기

○ **단풍잎 가랜드** 여러 크기와 색깔의 단풍잎을 실에 꿰어 가랜드를 만
  들어 창문이나 벽에 걸고 단풍잎에 이름이나 소원 또는 메시지를 적
  어 꾸미기

○ **호박 꾸미기** 미니 호박에 그림을 그리거나, 스티커와 리본으로 장식
  하고 호박을 조명이나 꽃병처럼 활용하기

○ **가을 풍경 그림** 아이들과 함께 가을 풍경(단풍, 낙엽길, 공원 등)을 그
  림으로 그리기

○ **손바닥이나 손가락으로 나뭇잎 모양을 찍어 표현해 보기**

○ **기록하기** 완성한 그림을 가족의 추억으로 액자에 넣어 보관하기

○ **낙엽 램프 만들기** 투명한 유리병에 낙엽을 붙이고 안에 LED 조명을

넣어 따뜻한 가을 분위기를 느낄 수 있는 램프 만들기

○ **감사 나무 만들기** 큰 도화지에 나무를 그리고, 낙엽 모양의 종이에
가족이 감사한 일을 적어 나뭇가지에 붙이고 매일 한 가지씩 적어 나
무를 풍성하게 채우는 활동으로 이어 가기

> **TIP**
>
> 활동 후 감상이나 재미있었던 점을 기록하도록 도와주세요. "낙엽으로 고슴
> 도치를 만들었어요. 고슴도치의 가시에 나뭇잎을 붙이니 정말 멋져요!"와 같
> 은 기록으로 자연스럽게 문해력을 키워요.

겨울방학
문해력 심화 활동

자, 이제 2학년이 끝나 가고 3학년에 올라가기 직전입니다. 3학년에 들어가면 다소 긴 글밥도 묵독하며 잘 읽어 내야 하고, 의미를 파악하며 읽어야 하며, 글의 핵심을 파악할 줄 알아야 합니다. 더불어 이제는 문해력이 학습 도구의 역할로 작용하기 시작할 거예요. 사회, 과학과 같은 과목을 배우면서 글을 읽고 내용을 이해하여 지식을 확장할 줄 알아야 해요. 이러한 본격적인 교과 교육에 진입하는 문턱에 들어선 겁니다. 따라서 이번 겨울방학 동안 3학년 때의 교과 수업에 무리가 없도록 그에 필요한 문해력을 갖추도록 노력해 봐요.

도서관 속 책 분류법(한국십진분류법) 살펴보기

000 총류 ｜ **100** 철학 ｜ **200** 종교 ｜ **300** 사회과학 ｜ **400** 자연과학

500 기술과학 ｜ **600** 예술 ｜ **700** 언어 ｜ **800** 문학 ｜ **900** 역사

이제는 3학년에 올라가 본격적으로 지식 습득을 위한 읽기와 묵독을 능숙하게 하기 위한 경험을 시작하도록 해요. 도서관에 가면 책을 분류하는 기준에 대해 보신 적 있나요? 한국십진분류법이라고 해서 우리나라 도서관은 모든 책을 이 기준법에 의해 10개의 섹션별로 나누어 분류하고 있지요. 한국십진분류법Korean Decimal Classification, KDC은 도서관에서 자료를 체계적으로 분류하고 조직화하기 위해 사용하는 한국 고유의 분류 체계입니다.

아이가 도서관을 탐방하면서 세상의 많은 지식이 이 10가지 기준에 의해 나누어진다는 점, 또 내가 알고 싶은 내용을 찾으려면 이 기준에 의해 찾으면 된다는 걸 익히게 해 주세요. 섹션별로 살펴보고 그 안에서 재미있는 책을 1권씩 선정하여 읽어 보는 활동도 좋고요. 서점과는 다른 분류 방법과 지식 체계에 흥미를 갖고 책을 바라보게 될 겁니다. 이러한 체계적인 분류법을 접하고 이해하다 보면 아이의 정보탐색능력을 더 키울 수 있어요. 또 다양한 주제의 책을 접하면서 아이의 관심사를 확장할 수 있습니다.

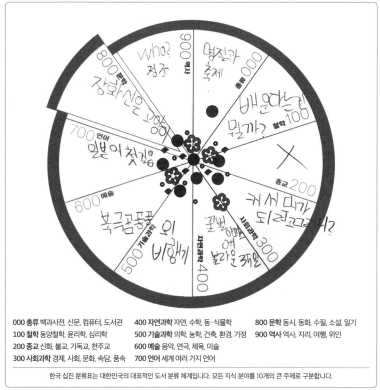

000 **총류** 백과사전, 신문, 컴퓨터, 도서관   400 **자연과학** 자연, 수학, 동·식물학   800 **문학** 동시, 동화, 수필, 소설, 일기
100 **철학** 동양철학, 윤리학, 심리학   500 **기술과학** 의학, 농학, 건축, 환경, 가정   900 **역사** 역사, 지리, 여행, 위인
200 **종교** 신화, 불교, 기독교, 천주교   600 **예술** 음악, 연극, 체육, 미술
300 **사회과학** 경제, 사회, 문화, 속담, 풍속   700 **언어** 세계 여러 가지 언어

한국 십진 분류표는 대한민국의 대표적인 도서 분류 체계입니다. 모든 지식 분야를 10개의 큰 주제로 구분합니다.

제주도 도서관에서 받은 활동지, 아이가 분류법에 맞춰 써 보았다.

[워크북 12] 도서관 피자 채우기 활동지 27페이지 수록

❶ 아이와 함께 도서관을 방문하여 각 섹션을 탐색합니다.

❷ 각 섹션에서 흥미로운 책을 하나씩 골라 탐색하고 그 책의 제목을 씁니다.

❸ 무작위로 여러 책을 골라 온 뒤, "이 책은 어떤 분류에 속할 것 같아?"라고 질문하며 아이의 탐구심을 자극하세요.

TIP

- 섹션별로 아이의 관심이나 흥미에 차이가 심한 경우도 있어요. 예를 들어, 역사는 엄청 좋아하는데 자연과학은 영 관심이 없을 수 있죠. 아이 개인의 성향을 존중해 주되 다른 영역에 대한 호기심도 살짝 자극해 주세요. 아이가 관심 없어 하는 섹션에서 부모님이 아이의 관심을 끌 만한 책을 골라 살짝 보여 주는 것도 좋습니다.
- 200 종교 섹션의 경우 아이들이 볼 만한 책이 많지 않은 경우도 있더라고요. 작은 마을 도서관의 경우는 어린이가 볼만한 종교 관련 책이 없는 경우도 있고요. 도서관 사정에 따라 융통성 있게 활용하세요.

어린이 신문 읽기

2학년이 끝나 가는 시기부터 신문이나 사설 등을 내용을 파악하도록 해 봅니다. 문학적인 글이 아니라 생활 속에서 어떤 지식을 전달하거나 설명하는 형태의 글을 읽으며 알게 된 내용을 습득할 기회를 넓혀 가도록 하기 위해서예요.

어린이용 신문은 아이들에게 흥미를 끌 수 있는 주제와 수준에 맞는 언어로 작성되어 있어 교육적이고 재미있는 학습 도구로 활용될 수 있습니다. 특히 '어린이 신문'에 등장하는 간결하고 명료한 기사 형식은 독해력 훈련에 효과적이며, 문장을 이해하고 요약하는 능력을 키울 수 있습니다. 이는 아이들에게 적합한 방식으로 세계와 지역에서 일어나는 중요한 소식을 전달해 주어요. 그래서 아이들이 주변에서 일어나는 일을 이해하고, 사회, 과학, 환경 등 다양한 주제에 관심을 가질 수 있어요. 또 신문 기사를 읽고 내용을 분석하며 자신의 생각을 정리하거나 질문을 만들어 보는 과정을 통해 비판적 사고력이 발달합니다. 신문을 통해 사회적 문제나 환경 이슈를 접하며 아이들은 자신이 사회와 연결되어 있음을 느끼는 것이지요.

환경 문제와 관련된 토론 후 바다 쓰레기 줍기 봉사 활동에 참여해 보세요!

❶ 매일 또는 주 2~3회, 아이와 함께 어린이 신문을 읽는 시간을 정합니다.

"오늘 신문에서 가장 흥미로웠던 기사는 무엇이었니?" 질문하며 아이와 대화하세요.

❷ 읽은 기사를 한두 문장으로 말해 봅니다.

"이 기사에서 가장 중요한 내용은 뭐였니?", "왜 이 내용이 중요하다고 생각하니?"

❸ "왜 이런 일이 일어났을까?" 또는 "어떻게 해결할 수 있을까?" 같은 질문을 만들어 보게 합니다.

❹ 신문에서 다룬 주제를 가지고 환경 문제, 동물 보호, 사회적 이슈 등에 대해 가족과 함께 짧은 토론을 진행해도 좋습니다.

'어린이 신문'은 재미있고 교육적이면서 세상을 이해하는 데 필요한 다양한 주제를 다루고 있어 아이들이 지식과 창의력을 키우는 데 훌륭한 도구가 됩니다. 집에서 아이와 함께 읽어 보세요.

📰 추천 신문

○ 어린이동아

○ 어린이조선일보

○ 알바트로스 신문

추천 도서

○ 아홉 살에 시작하는 똑똑한 초등 신문(신효원/책장속북스)

○ 아이스크림 어린이신문(손지연/아이스크림북스)

○ 초등 첫 문해력 신문(이다희/아울북)

2학년 초등 교실과 가정에서 검증된 2학년 맞춤,
'문장부호를 활용한 글쓰기'부터
'목록 중심의 독서록 쓰기'까지
현실적이고 효과적인 문해력 글쓰기를 소개합니다.

7장

집에서 하는
2학년
문해력 글쓰기

단 1년 차이일 뿐인데 1학년과 2학년은 큰 차이가 납니다. 어쩌면 당연한 것이 1학년은 한글을 제대로 쓰지 못하는 아이도 상당히 많았지만 1년의 교육과 정을 거쳐 한글을 읽고 쓸 수 있게 되었기 때문입니다. 한글을 익힌 아이들은 점점 자신의 생각을 글로 나타내 보고 싶어 하고 그것이 가능하다는 성취감 을 느끼곤 해요. 실제로 2학년 아이들을 가르쳐 보면 이때부터 학습의 성과 가 확연히 나타난다는 것을 알 수 있어요. 이때는 동시 쓰기, 일기 쓰기, 편지 쓰기 등 다양한 글쓰기가 가능해지며 조금씩 다듬어 나가다 보면 멋진 작품이 나오기도 합니다. 이렇게 글쓰기 효과가 잘 나타나는 2학년 시기, 어떻게 글 을 지도하면 좋을지 생각해 봅시다.

본격적인 글쓰기가
시작되는 1학기

2학년부터는 본격적인 글쓰기가 시작되는 시기라고 할 수 있습니다. 한글을 모두 뗀 아이들은 자신의 생각과 마음을 글로 나타내고 싶어 하고 성취감을 느낍니다. 이 시기 체계적으로 글쓰기를 경험해 보는 것이 중요합니다. 글감을 고르는 효과적인 방법을 알거나 문장부호를 활용하여 글쓰기를 하는 습관을 가진다면 아이의 글쓰기는 확연하게 달라질 것입니다. 또한 자신이나 가족, 다른 사람을 소개해 보는 글쓰기를 하는 것도 학생의 글쓰기에 대한 흥미를 불러일으키는 좋은 활동입니다.

누군가를 소개하는 글쓰기

　자신이 소개하고 싶은 사람을 정해 소개하는 글쓰기를 해 보도록 합시다. 자신이 좋아하는 친구나 가족을 소개할 때 어떻게 하면 효과적으로 글을 쓸 수 있을지 고민하게 됩니다. 외모는 어떠한 순서로 소개할지, 성격은 뭐라고 할지, 취미나 특기, 특징은 무엇이 있을지 다각도로 고민한 후 글로 써 보는 활동을 해 보도록 하는 것은 중요합니다. 예를 들어, 외모를 소개할 때는 위에서부터 아래로 또는 얼굴을 소개한 후 키나 체형 등을 소개할지 고민해 볼 수 있습니다. 성격을 소개할 때도 활발한지, 조용한지, 외에도 잘 웃는 성격인지, 잘 우는 성격인지, 변화 없는 무심한 성격인지도 생각해 볼 수 있습니다. 내가 가장 잘 알고 있는 가족을 소개하는 것도 글을 구체적이고 쉽게 쓸 수 있는 방법입니다. 하지만 분명 잘 안다고 생각했는데 의외로 잘 모른다고 느낄 때도 있어 이러한 글쓰기는 그 대상을 다시 한번 생각해 보게 만드는 기회를 제공해 주기도 합니다. 소개하는 글쓰기는 나아가 고학년의 묘사하기 활동과도 연계가 되어 글쓰기에 상당한 도움을 주는 활동입니다.

　소개하는 글쓰기를 할 때 여러 부분으로 나누어 써 보고 부분을 전체로 합치면 좋습니다. 그렇게 하면 긴 글쓰기를 어려워하는 학생들도 어렵지 않게 쓸 수 있습니다. '친구 소개하기 글을 쓸 때 생각하면 좋은 것들'을 예시로 소개해 보겠습니다.

외모	
• 머리 모양 • 얼굴형, 얼굴의 특징 • 체형(키, 통통한지 말랐는지) • 옷차림	내 친구 소영이는 머리가 허리까지 오는 긴 머리를 가지고 있습니다. 키는 또래 친구들에 비해 크고 말라서 '롱다리'라는 별명을 가지고 있습니다. 후드티와 운동복을 자주 입고 다닙니다.
성격	
• 조용한지 활달한지 • 말이 많은지 적은지 • 조용한지 씩씩한지 • 인사를 잘하고 예의 바른지 • 착하고 친절한지	성격은 매우 활달한 편이고 이야기하는 것을 좋아해서 친구들에게 인기가 좋습니다. 선생님에게도 환한 얼굴로 인사를 잘해서 예의 바르다고 칭찬을 듣고는 합니다.
좋아하는 것	
• 운동을 좋아하는지 • 친구들과 노는 것을 좋아하는지 혼자 있는 것을 좋아하는지 • 독서를 좋아하는지, 글쓰기를 좋아하는지 • 어떤 연예인을 좋아하는지 • 무엇에 관심이 있는지 • 취미는 무엇인지	운동을 좋아해서 남학생과도 축구를 자주 하고 오히려 남학생보다 잘하는 것 같습니다. 아이돌 음악을 좋아하며 특히 '아이브'의 음악을 자주 듣고 춤도 따라서 잘 춥니다.
잘하는 것	
• 축구나 야구를 잘하는지 • 어떤 운동을 잘하는지 • 춤을 잘 추는지, 노래를 잘하는지 • 어떤 악기를 잘 연주하는지	소영이는 태권도를 오래 배웠습니다. 그래서 태권도 대회에 나가서 상도 받았습니다. 미래에 태권도 선수가 되고 싶다고 합니다.
그밖에 알고 있는 것	
• 부모님은 어떤 일을 하시는지 • 가족 사항은 어떻게 되는지 • 집은 어디 사는지 등	소영이는 외동딸로 부모님과 셋이 살고 있습니다. 여동생이 있으면 좋겠다는 이야기를 자주 합니다. 우리 아파트 단지에 살고 있어 저와는 자주 어울려 놀고는 합니다.

나와 가장 친한 친구인 단짝 소영이를 소개합니다. 내 친구 소영이는 머리가 허리까지 오는 긴 머리를 가지고 있습니다. 키는 우리 반에서 가장 크고 말라서 '롱다리'라는 별명을 가지고 있습니다. 후드티와 운동복을 자주 입고 다닙니다. 성격은 매우 활달한 편이고 이야기하는 것을 좋아해서 친구들에게 인기가 좋습니다. 선생님에게도 환한 얼굴로 인사를 잘해서 예의 바르다고 칭찬을 듣고는 합니다. 운동을 좋아해서 남학생과도 축구를 자주 하고 오히려 남학생보다 잘하는 것 같습니다. 아이돌 음악을 좋아하며 특히 '아이브'의 음악을 자주 듣고 춤도 따라서 잘 춥니다. 소영이는 태권도를 오래 배웠습니다. 태권도 대회에 나가서 상도 받았는데 미래에 태권도 선수가 되고 싶다고 합니다. 소영이는 외동딸로 부모님과 셋이 살고 있습니다. 여동생이 있으면 좋겠다는 이야기를 자주 합니다. 우리 아파트 단지에 살고 있어 저와는 자주 어울려 놀고는 합니다. 나는 소영이가 내 친구여서 좋습니다.

문장부호를 활용한 글쓰기

문장부호는 글쓰기를 구체화할 뿐 아니라 글을 실감 나고 재미있게 만들어 줍니다. 특히 생각을 나타낼 때 쓰는 작은따옴표(' ')와 자신이나 상대방의 말을 옮겨 적을 때 사용하는 큰따옴표(" ")의 사용은 매우 중요합니다. 일기나 생활문 같은 글을 쓸 때는 일어났던 일을 중심으로 글을 쓰기 때문에 동화나 소설처럼 실감 나게 쓰는 것이 중요한데 이러한 문장부호는 글에 생명력을 불어넣어 주어 글을 재미있게 만들어 줍니다. 이외에도 느낌표(!)와 물음표(?)의 적절한 사용도 글의 내용을 명확하고 정갈하게 만들어 주어 올바르게 사용하는 습관이 필요합니다. 글을 잘 쓰는 아이와 그렇지 못하는 아이는 학년이 올라갈수록 분명하게 나타나는 데 효과적으로 문장부호를 사용하는 경우 글이 이해하기 쉽고 재미있고, 생생하게 느껴지는 것은 어쩌면 당연한 일입니다.

예시

내가 학교에 도착하자 어제 나와 싸웠던 흥민이가 왔냐고 말을 시켰다. 나는 기분이 나빠 응이라고 고개만 끄덕이고는 자리로 갔다. 그리고는 자리에 앉아 다시는 흥민이와 친구를 하지 않을 것이라고 생각했다.

문장부호 넣어 보기

내가 학교에 도착하자 어제 나와 싸웠던 흥민이가

"왔냐?"

라며 말을 시켰다. 나는 기분이 나빠

"응"

이라고 고개만 끄덕이고는 자리로 갔다. 그리고는 자리에 앉아 생각했다.

'다시 너랑 친구 하나 보자.'

이렇게 글을 생동감 있게 만드는 문장부호를 활용한 글쓰기는 글을 다채롭고 실감 나게 만드는 가장 좋은 방법입니다. 다음의 글을 문장부호를 써서 바꾸어 볼까요?

나는 어린이날이 다가올수록 가슴이 뛰었다. 아빠가 어린이날 내가 원하는 선물을 사주기로 약속했기 때문이다. 아빠는 어떤 선물을 받고 싶은지 나에게 물어보셨다. 나는 한 가지만 고르는 것이 어려워 두 개를 사주면 안되냐고 아빠에게 물어보았다. 그러자 아빠는 안 된다고 했다. 나는 춘식이 인형도 가지고 싶고 새로 나온 아이브 앨범도 가지고 싶어 고르기 어렵다고 말했다. 마침내 찾아온 어린이날 아침, 아빠가 나에게 준 선물에 나는 아빠가 최고 멋지다며 소리를 질렀다. 아빠가 춘식이 인형과 아이브 앨범을 모두 선물로 주신 것이다. 나는 아빠를 끌어안으며 말했다. 아빠 사랑해요.

다음 문장에 문장부호를 넣어 봅시다.

나는 어린이날이 다가올수록 가슴이 뛰었다. 아빠가 어린이날 내가 원하는 선물을 사주기로 약속했기 때문이다. 아빠는 어떤 선물을 받고 싶은지 나에게 물어보셨다. 나는 한 가지만 고르는 것이 어려웠다.

"＿＿＿＿＿＿＿＿＿＿＿＿＿＿＿＿＿＿＿＿＿＿＿＿＿"

"안 돼, 하나만 골라."
"춘식이 인형도 가지고 싶고 아이브 앨범도 가지고 싶어 고르기 어렵단 말이야."
마침내 찾아온 어린이날 아침, 아빠가 나에게 준 선물에 나는

"＿＿＿＿＿＿＿＿＿＿＿＿＿"

하고 소리를 질렀다. 아빠가 춘식이 인형과 아이브 앨범을 모두 선물로 주신 것이다. 나는 아빠를 끌어안으며 말했다.
"아빠, 사랑해요(　)"

2학년에 적합한 글감은 무엇이 있을까?

학생들이 다양한 소재를 활용해 글을 쓰도록 하는 것은 글쓰기의 출발점입니다. 학생들이 글감에 대하여 흥미를 느낄 때 글을 쓰고자 하는 동기가 생겨나며 참여합니다. 이러한 점에서 학생들에게 학년에 맞는 글감을 제공해 주는 것이 필요합니다. 2학년에게 맞는 글감에는 무엇이 있는지 살펴보도록 합시다.

3월	나에 대하여 소개하는 글쓰기
4월	우리 가족에 대해 소개하는 글쓰기
5월	편지 쓰기-부모님, 선생님에게 글쓰기
6월	연과 행을 구분하며 동시 쓰기
7월	여름방학이 되면 하고 싶은 것들
8월	여름방학에 갔던 곳 소개하는 글쓰기
9월	가을이 오면 달라지는 것들
10월	부모님과 가고 싶은 곳 소개하기
11월	내가 좋아하는 계절에 대하여 글쓰기
12월	겨울방학 계획 글쓰기
1월~2월	겨울방학에 있었던 일

사고를 확장하는 글감 찾기 마인드맵

초등학교 저학년 아이는 주제에 맞는 글쓰기를 힘들어합니다. 만일 글쓰기 주제가 '봄, 행복, 사랑, 친구, 가족'처럼 추상적으로 주어진다면 무엇을 써야 할지 난감해합니다. 하지만 이렇게 추상적인 주제를 구체화시키는 것도 글쓰기를 잘하는 능력입니다. 사고를 확장하여 구체화시키는 노력을 한다면 문해력과 글쓰기 능력이 쑥쑥 올라가게 될 거에요. 그 방법으로 사고를 확장하는 글감 찾기 마인드맵을 활용해 보세요.

마인드맵은 주제와 관련된 생각이나 대상을 연결하여 꾸준히 제시하는 것으로 브레인스토밍의 한 방법입니다. 쉽게 '생각 가지치

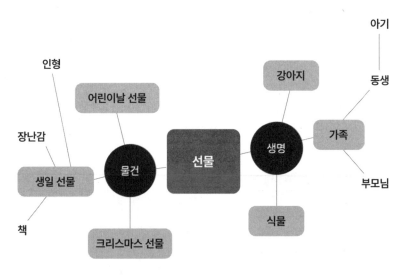

글감 찾기 마인드맵

254

기'라고 생각하면 됩니다. 글쓰기 주제가 제시되면 이와 관련된 생각을 꼬리에 꼬리를 물고 생각하도록 하면 추상적인 글감이 점차 구체화됩니다.

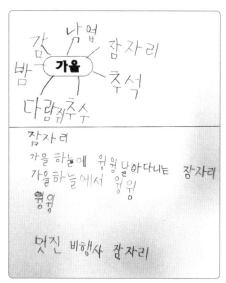

'지금까지 받은 선물 중 가장 기억에 남는 선물이 무엇인가요? 선물에 대하여 글을 써 보도록 합시다.'라는 소재가 있으면 글을 쓰기 전에 생각 가지치기를 먼저 해 봅시다.

초등학생의 동시 쓰기 활동도 마인드맵을 먼저 해서 글감을 다양하게 생각한 후 써 내려가면 글이 한결 풍부해지는 것을 볼 수 있습니다. 사고의 확

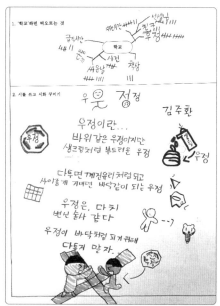

장은 글쓰기 전에 필수적으로 해야 하는 활동입니다.

글감 고르기 활동 팁

아이들에게 글을 쓸 소재를 제시하면 학생들은 소재(글감)가 곧 제목이라는 인식을 하는 경우가 많습니다. 예를 들어, 글감으로 '봄'을 제시하면 아이들은 겨울이 지나고 오는 따뜻한 봄만 생각합니다. 하지만 봄은 봄꽃, 새싹처럼 자연적인 것도 있고 새 학기, 새 친구, 새 선생님처럼 아이들에게는 새로운 시작의 의미도 가지고 있습니다. 봄을 생각하면 떠오르는 색깔인 노란색, 분

글감스틱

홍색 등 아름다운 색을 떠올릴 수도 있습니다. 이렇게 아이가 시각을 넓혀 여러 각도로 대상을 볼 수 있도록 도움을 줄 수 있어야 해요. 이를 위해 '글감스틱'을 소개합니다. 불투명한 연필꽂이 겉 표면에 포스트잇을 활용해 글감을 붙여 놓습니다. 그리고는 그 글감과 관계된 다른 글감들을 아이스크림 스틱에 적어 넣어 둡니다. 그리고는 학생들에게 하나씩 뽑도록 합니다. 그러면 미처 자신이 생각하지 못한 새로운 글감을 만날 수 있습니다. 만약 자신에게 해당이 되지 않거나 마음에 들지 않는다면 다시 뽑을 수도 있습니다.

다양한 활동을 병행할 수 있는 여름방학

    방학 때 현장학습이나 여행을 갔던 경험을 체계적인 글쓰기로 나타낸다면 오랫동안 기억에 남는 시간이 될 것입니다. 기행문은 고학년에 나오는 글쓰기이지만 기행문의 형식적인 요소를 떠나 알맞은 질문을 던지고 여기에 대답을 해 보며 글쓰기를 하는 것은 좋은 활동입니다. 더불어 글을 쓸 때 다른 것에 비교하며 써 보도록 하는 활동을 곁들여 주세요. 이러한 활동은 글쓰기를 하며 국어 지식이나 문법과 같은 요소와 자연스럽게 배울 수 있어 좋습니다. 글쓰기나 문법 요소를 글쓰기에 차용하면 아이들의 글쓰기 능력은 한결 성장할 거예요.

여행하고 든 생각과 느낌 글쓰기

2학년은 현장학습을 가거나 여행을 가서 든 생각과 느낌을 자신의 수준에 맞게 표현할 수 있는 시기입니다. 단순히 여행만 할 것이 아니라 아이 나름의 글로 남겨 둔다면 여행이 노는 것만이 아니라 배움의 역할 즉 교육적인 측면에서도 도움이 될 것입니다. 하지만 막연히 여행하고 든 생각과 느낌을 써 보라고 하면 아이들은 분명 부담감을 느낍니다. 좀 더 체계적인 여행 글쓰기를 알아볼게요.

일반적으로 여행을 하며 쓰는 글인 기행문의 3요소는 여정, 견문, 감상입니다. 여정은 시간이나 공간의 순서에 따라 일어난 일을

제목: 화초원에 다녀와서

나는 화초원에 다녀왔다 처음으로 늘게 백조를 봤다 또 과일간식을 먹었다 또 부엉이를 봤다 또 토끼랑 알파카 먹이를 줬다 알파카 줄 때는 무서워서 친구한테 알파카 먹이를 떠넘겼다 토끼는 밑데에서 좀 서안 무서웠다 마지막 5관에서는 앵무새 먹이주기를 했는데 그것도 무서워서 친구한테 또 넘이 줬었다 마지막으로 공연을 봤다 매도 있었고 독수리 같은 새들을 막 봤다 참 멋지고 재밌었다

순차적으로 정리하는 것을 말합니다. 어디에서 어디를 갔고, 언제 어떤 일이 있었는지 쓰는 것을 말합니다. 견문은 여행지에서 보고 듣고 경험한 것을 쓰는 것으로 여행지에서 알게 된 것을 쓰는 것입니다. 감상은 여행을 하며 든 생각과 느낌을 정리하는 것을 말합니다. 2학년 아이들에게 이러한 전문적인 요소를 설명하는 것은 불필요하지만 이러한 점을 생각하며 글을 쓸 수 있도록 안내하면 많은 도움이 됩니다. 이를 바탕으로 여러 질문을 던지며 아이와 함께 글을 써 보면 좋습니다.

함께 생각해 볼 것	글쓰기 질문
여정 (여행의 과정)	• 우리 언제 여행을 떠났지? • 우리가 간 곳은 어디에 있는 곳이야? • 제일 먼저 간 곳이 어디야? 그다음에 어디 갔지? • 박물관은 어디를 갔지? • 우리 잠은 어디서 잤어? • 다음 날은 어디를 갔지? • 어떻게 여행을 다녔지? 무엇을 타고 갔어? • 누구와 함께 여행을 했지?
견문 (보고 들은 것, 알게 된 것)	• 박물관 이름은 뭐였지? • 어떤 것을 보았어? • 해설사님이 무슨 이야기를 하셨어? • 새롭게 알게 된 사실은 뭐야? • 신기했거나 재미있었던 것은 무엇이야?
감상 (느낌이나 생각)	• 여행지를 다녀와서 어떤 생각이 들었어? • 여행을 다녀오고 든 느낌은 무엇이야? • 다음에는 어디에 가고 싶어? • 여행을 하며 기분이 어땠어? • 아쉬웠던 점은 무엇이었어?

비유법을 활용한 실감 나는 동시 쓰기

1학년에 이어 2학년 시기도 동시 쓰기가 매우 중요한 때입니다. 1학년 시기에는 표현하고 싶은 생각을 부담 없이 마음껏 나타내는 것이 중요하다면 2학년 시기에는 생각과 느낌을 간결하면서도 참신하게 표현하는 것이 중요합니다. 비유법의 사전적인 의미를 배울 필요는 없으나 어떻게 하면 상대에게 생각이 효과적으로 전달이 될지에 대해서는 알아 둘 필요가 있습니다. 자신의 생각이나 느낌을 다른 사물에 빗대어 표현하는 방법을 활용하면 글이 더욱 재미있어집니다. 예를 들어, '기분이 너무 좋다.'라는 표현을 '기분이 좋아 풍선처럼 날아갈 것 같다.'라고 표현한다면 글이 한층 감각적으로 느껴지겠지요?

여기에서는 직유법과 은유법을 활용한 글쓰기를 추천합니다. 직유법은 2개의 사물을 직접 비교하여 표현하는 것으로 흔히 '~같은, ~처럼'이라는 표현으로 나타냅니다. 은유법은 하나의 사물이나 대상을 다른 것에 비유하여 특징을 효과적으로 나타내는 것으로 흔히 'A는 B다.'로 표현합니다. 이러한 전문적인 용어를 사용할 필요 없이 아이의 수준에 맞게 이해하도록 알려 주세요. 비유법을 활용한 표현 연습을 소개합니다.

직유법을 활용한 표현 연습

~처럼 -하다	우리 집 강아지 복실이는 솜털처럼 부드럽다.
~같은 ( )	노란 물감 같은 유채꽃

위의 예처럼 한번 연습해 볼까요?

~처럼 -하다	엄마의 품은 ( )처럼 ( )하다.
~같은 ( )	( ) 같은 엄마의 품

직유법을 활용한 동시 짓기 예시

은유법을 활용한 표현 연습

A는 B다. ~하니까.	우리 선생님은 천사다. 천사처럼 착하시니까.

앞의 예처럼 한번 연습해 볼까요?

A는 B다. ~하니까.	우리 아빠는 ( )하다. ( ) 하니까.

은유법을 활용한 동시 짓기 예시

실용적인 글쓰기를 체험하는 2학기

2학년 2학기 시기는 실용적인 관점에서 글쓰기를 경험해 보도록 하는 것이 중요합니다. 다양하고 재미있는 주제로 짧은 글쓰기를 하는 습관을 기른다면 아이들의 글쓰기에 대한 자발성이 높아질 겁니다. 주변 사람들에게 편지를 쓰도록 하여 글쓰기가 사람의 마음을 전달하는 좋은 도구라는 것을 아이들이 느낄 수 있도록 하는 것도 좋습니다.

실용적인 글쓰기는 아이들이 글을 쓰는 것이 과제처럼 느껴지거나 부담스럽지 않도록 하는 좋은 방법입니다. 또한 습관을 들인다면 글쓰기 능력을 신장시킬 수도 있습니다.

글쓰기를 일상화하는 세 줄 쓰기

'세 줄 쓰기'는 요즘 학교에서 많이 사용하는 글쓰기 지도 방법입니다. 아이들과 관계있고 흥미 있는 주제를 제시하고 주제에 대해 세 줄 쓰기를 하는 것은 글쓰기를 부담스럽지 않게 받아들이는 좋은 방법이기 때문이지요. 학교에서는 아침 활동 시간이나 창체 시간을 활용해 '세 줄 쓰기'를 하는데 '감사일기 쓰기'와 더불어 시간이 많이 걸리지 않으면서도 글쓰기 능력을 신장시켜 줄 수 있어 좋습니다. 아이에게 상상력과 폭넓은 사고력을 길러 주는 세 줄 쓰기는 가정에서도 지도하기에도 좋습니다. 학생이 흥미를 느낄 만한 글감을 주위에서 찾고 학년과 학생의 특징에 맞게 글감을 제시해 주면 학생은 세 줄 쓰기를 즐겁게 할 수 있을 것입니다.

- 오늘 엄마가 갑자기 만 원의 돈을 주셨다면 만 원을 가지고 무엇을 할지 세 줄로 글쓰기를 해 보도록 해요.
- 아침에 일어나 보니 갑자기 선생님이 되어 있었다면 아이들에게 무엇을 가르칠지 세 줄로 글쓰기를 해 보도록 해요.
- 이번 주말 가족여행을 떠난다면 무엇을 하고 싶은지 세 줄로 글쓰기를 해 보도록 해요.
- 이번 주말 가장 친한 친구들과 파자마 파티를 하기로 되어 있다면 친구들과 무엇을 하고 싶은지 세 줄로 글쓰기를 해 보도록 해요.

• 지금 가장 갖고 싶은 물건이 무엇인지 써 보고 왜 그 물건이 갖고 싶은
지 세 줄로 글쓰기를 해 보도록 해요.

편지를 활용한 일상 글쓰기

　편지 쓰기는 우리 실생활에 많이 쓰이는 실용 글쓰기 중의 하
나입니다. 우리는 어렸을 때부터 친구에게 생일축하 편지를 쓰기
도 하고, 사과의 편지를 쓰기도 합니다. 부모님이나 선생님에게 감
사의 편지나 축하의 편지를 쓰기도 합니다. 이처럼 우리 일상생활
에 많이 쓰이고 있지만 편지의 형식에 맞게 제대로 편지를 쓰는 것
에 대해서는 크게 신경을 쓰지 않고 있습니다. 아이들이 비교적 쉽
게 접근하는 글쓰기인 편지쓰기를 지도할 때 형식적인 요소를 더
신경 쓸 수 있도록 지도한다면 아이들의 글은 확연하게 발전할 것
입니다. 부르는 말은 상대에 따라 어떻게 호칭을 해야 하는지, 첫
인사에는 어떤 내용이 들어가야 하는지, 하고 싶은 말을 잘 전달하
려면 어떻게 해야 하는지, 끝인사는 어떻게 써야 예의가 바른 것인
지, 날짜와 쓴 사람을 적는 것이 왜 중요한지 등을 알려 주세요.

편지쓰기에 꼭 들어가야 하는 요소

○ **부르는 말** -에게, ~께

○ **첫인사** 안부 인사, 날씨 인사 등

○ **하고 싶은 말** 편지를 쓰게 된 이유

○ **끝인사** 편지를 맺으며 하는 인사

○ **날짜** 2000년 O월 O일

○ **쓴 사람** ~씀, ~드림

○ **추신** 깜박하고 하지 못한 말/ 더 하고 싶은 말

재미있는 글쓰기 활동을 해 보는 겨울방학

아이들이 글쓰기를 할 때 중요한 것은 글쓰기가 부담스러운 숙제나 짐이 되어서는 안 된다는 것입니다. 초등학교 저학년 시기에는 글쓰기가 하나의 놀이처럼 재미있는 활동으로 느껴져야 합니다. 학교를 잠시 벗어나 있는 겨울방학 시기, 재미있는 글쓰기 활동을 제시해 주는 것은 중요합니다. 방학 동안 친구를 집에 초대하는 글을 써 보거나 흉내 내는 말을 찾아보고 만들어 보는 것도 이 시기에 어울리는 좋은 활동입니다. 또한 독서하는 습관을 가지고 읽은 책을 정리해 보도록 하는 항목별 독서록 쓰기도 좋습니다.

흉내 내는 말을 활용한 글쓰기

흉내 내는 말은 글을 재미있고 실감 나게 만들어 주는 글쓰기의 요소입니다. '강아지가 멍멍 짖는다.'처럼 일반적이고 흔한 문장

은 큰 매력이 없지만 학생 개개인이 만들어 낸 참신한 흉내 내는 말은 글을 더욱 빛나게 만들기도 합니다. 우리는 사전적인 의미로 소리를 흉내 내는 말을 의성어, 모습을 흉내 내는 말을 의태어라고 하는데 의성어와 의태어를 사용해 글을 쓰면 글이 더욱 실감이 납니다.

'친구가 슬금슬금 내게 다가왔다. 친구가 자꾸 내 주위를 어슬렁 댔다.'

'천둥이 우루루쾅쾅 하늘을 울렸다. 눈이 소복소복 쌓였다.'

이처럼 의태어, 의성어를 활용하면 글이 풍성해지는 것을 볼 수 있습니다. 아이들에게 의성어와 의태어의 사전적 의미를 설명할 필요는 없으나 흉내 내는 말을 사용하면 글을 잘 쓸 수 있다는 정도의 교육은 필요합니다. 그리고 아이들과 흉내 내는 글쓰기를 연습하면 자연스럽게 글이 생생해집니다. 흉내 내는 말을 쓰는 것은 학생들에게도 관찰력과 창의성을 길러 주어 교육적으로 매우 효과적입니다.

초대하는 글쓰기

겨울방학에 친척이나 친구들을 초대하는 글쓰기를 해 봅시다. 크리스마스 파티, 새해맞이, 홈파티 등 즐거운 자리에 전화가 아닌 초대하는 글을 써서 보내 봅시다. 꼭 편지지에 쓰지 않아도 됩니다. 부모님의 휴대전화로 초대하는 문자를 보내 볼 수도 있으며 크리스마스 카드나 새해 카드에 간단한 글을 쓸 수도 있습니다. 방학 중에 생일을 맞이하는 친구는 생일카드를 보낼 수도 있습니다. 이렇게 실용적인 글쓰기를 통해 글쓰기 능력을 향상시킬 수 있습니다.

OOO에게

우리 집 크리스마스 파티에 너를 초대해.

네가 함께해 준다면 우리 가족은 정말 기쁠 것 같아.

우리 집에 와서 나와 함께 놀아 주겠니?

너를 기다리고 있을게.

♥크리스마스 파티 날짜와 시간: 2025년 12월 24일 저녁 6시
♥장소: 서울 행복구 소망동 행운아파트 102동 105호
♥기타: 부모님과 함께 와도 되어요. 선물은 필요 없어요.

목록 중심의 독서록 쓰기

과거의 학교에서 숙제로 해 왔던 '독서록 쓰기'는 학생들에게 독서감상문 쓰기에 대한 거부감을 안겨 주었습니다. 실제로 지금 교육 현장에서는 과거의 독서록 검사는 거의 하고 있지 않아요. 그렇다고 독서록이 필요가 없는 것은 아닙니다. 독서 후 책에 대한 내용이나 생각을 정리해 두면 오랜 시간 동안 책의 내용과 그때 느꼈던 생각과 감정이 기억나기 때문입니다. 다만 과거의 긴 줄 형식의 독서록에서 탈피하여 독서목록 중심의 독서록 쓰기를 권해요. 최대한 간단하면서도 명료하게 읽은 책의 목록을 정리해 두면 독서의 효과는 배가 될 것이기 때문이지요. 그래서 1학년 때에는 간단

하게 '책 속의 보물 기록'과 같은 형식의 독서록을 써 보았습니다.

2학년 때는 여기서 조금만 더 자세하게 들어가 봅시다. 목록 중심의 독서록 쓰기에서 들어가야 할 내용은 읽은 날짜, 책의 제목, 지은이, 기억에 남는 문장이나 장면, 책에 대한 생각이나 느낌입니다. 기존의 독서록처럼 줄거리를 억지로 정리할 필요는 없습니다. 다만 이 문장이나 장면을 보면 책의 내용이 떠오르는 정도의 간단한 문장, 장면의 정리만이 필요합니다. 독서가 중요해지는 2학년 시기, 독서목록 중심의 독서록 쓰기를 실천해요. 가정에서도 해 볼 수 있는 목록 중심의 독서록 형식을 소개합니다.

책의 제목	달샤베트		읽은 날	2024. 7. 6.
주제	이웃에 대한 따뜻한 마음		지은이	백희나
기억에 남는 문장이나 장면	여우할머니가 달물을 받아 아이스크림으로 만들어 이웃에게 나누어 주는 장면			
책에 대한 생각과 느낌	나도 이웃을 도와주는 따뜻한 마음을 가져야겠다.			

초등 문해력에 대해
학부모님들이 가장 궁금해하는
질문들을 모아 봤어요.

8장

초등 문해력 궁금증 Q&A

학교에서는 국어 시간뿐 아니라 수업에서 배우는 다양한 활동이 문해력을 키우기 위한 활동이라고 할 수 있어요. 아이들과 함께 상호작용하고 관계를 형성하는 학교생활 자체에서도 문해력을 키우기 위한 활동은 곳곳에 있어요. 또한 학교에서는 다양한 프로그램을 별도로 만들어서 문해력을 키웁니다. 학교에서 많이 하는 문해력 관련 활동들을 소개해 볼게요.

❶ 교내 독서 프로그램

학교 도서관이나 독서교육 담당 교사, 또는 담임선생님께서 주도하시는 여러 가지 독서 프로그램들이 있습니다. 주로 학교 도서관에서 정기적으로 독서 프로그램을 운영해요. 또 학교에서 독서와 관련된 행사(책 축제, 독서 이벤트 등)를 개최하는 경우가 있어요. 그리고 각 반에서 담임선생님들께서 자체적으로 아침 독서 활동이나 독서 인증제, 그 외 다양한 활동을 통해 학생들이 즐겁게 책을 읽고 접할 기회를 주어요.

❷ 글쓰기 활동

학교 수업 중에 여러 과목을 배우면서 여기에 글쓰기 활동을 접목시켜 학생들이 자신의 생각을 표현하는 법을 배워요. 특히 1학년 1학기에는 한글을 집중적으로 떼면서 앞으로 표현하고자 하는 바를 문자로 명확히 표현하도록 익히지요. 그 이후부터는 자신의 생각을 문자로 표현하는 활동을 지속적으로 합니다. 문장을 구성하여 원활하게 쓰는 단계, 여러 문장을 쓰는 단계를 거쳐 한 편의 글을 뚝딱 쓸 수 있을 정도가 될 수 있도록 하고 있답니다.

❸ 독서 토론

본격적인 독서 토론은 3학년 국어공부를 할 때부터 하지만 저학년 때부터 친구들과 함께 그림책을 읽어 보는 활동은 수업 중에도 자주 이루어집니다. 그리고 함께 읽은 책에 대해 친구들과 자연스럽게 토론하는 시간을 가지면서 비판적 사고력과 의사소통 능력을 기를 수 있도록 도와주어요. 독서 토론의 장점 중 하나는 친구들과 같은 책을 읽었는데도 이에 대한 표현이 친구마다 다르다는 것을 즉시 확인할 수 있다는 것입니다. 같은 내용의 책을 읽었는데도 자신의 생각과 친구의 생각이 다른 것을 알고 이를 확인할 수 있다는 측면에서 교육적인 효과가 뛰어나요.

❹ 발표

공개수업에서 큰 목소리로 발표를 하는 아이를 볼 때 부러우시죠? 발표로 말하는 활동 역시 아이들의 문해력을 크게 향상시킬 수 있는 매우 좋은 활동 중 하나예요. 학생들이 자신의 글이나 작품을 발표하는 기회를 제공하여 자신감을 키우고 의사소통 능력이 길러져요. 발표의 경험이 학교에서 누적될수록 자신의 생각을 말로 표현하는, 어려운 말로 하면 구어 서술능력이 발전하면서 문해력 발달로 이어지지요. 특히 학교에서 또래의 여러 아이를 앞에 두고 자신이 전달하고자 하는 내용을 말이나 글로 표현하는 활동을 통해 긍정적인 자아감과 성취감 또한 얻게 되니 표현력이 좋아집니다.

❺ 교과 연계 활동

다양한 교과목에서 읽기와 쓰기 활동을 통합하여 문해력을 자연스럽게 향상시켜요. 단순히 국어 교과뿐만 아니라 수학, 통합교과 등 모든 교과에서 문해력 교육이 들어가게 되는 것이지요. 수학의 개념을 이해하고 이를 약속된 기호(+, -, = 등)로 표시하는 것, 응용문제나 문장으로 이루어진 문제(문장제 문제)를 읽고 내용을 이해해서 수학적 개념을 적용시키는 것 역시 문해력이 있어야 가능합니다. 통합교과에서 우리 생활과 관련된 주제(사람들, 우리나라, 탐험, 자연, 물건 등)를 중심으로 탐색하고 이해하는 과정을 배울 때에도 문해력이 중요하게 작용합니다. 어렴풋이 알고 있는 개념과 관련된 어휘도 접하게 되고, 생활 속 경험을 교과서의 내용과 접목하여 텍스트로 이해하는 과정이 수업 안에 들어가게 되니까요. 학교에서는 이러한 여러 교과 수업 중에서도 문해력을 키우기 위한 활동을 접목하여 수업이 이루어지게 됩니다.

02 학교에서 아이의 문해력에 대해 어떻게 평가할까?

아이들의 문해력을 진단하거나 성적을 산출하여 생활기록부에 기록하기 위해 평가가 있는지, 문해력 평가는 어떻게 이루어지고 있는지 궁금하신 분들도 있으시더라고요. 일단 학교에서는 매년 초 아이들의 기초학력을 진단하기 위한 일종의 테스트를 합니다. 흔히 '진단평가'라고 하지요. 저학년의 경우는 2학년 초에 한글을 어느 정도 뗐는지, 혹시 한글 미해득 학생은 없는지 조사해요. 3학년에는 '3Rs'라고 하여 읽기, 쓰기, 셈하기의 기초적인 학습 능력을 갖추었는지 확인하기 위한 평가를 합니다. 이 진단평가의 목적은 문해력이 너무 뒤처지는 학생이 없는지 확인하기 위한 작업으로, 성적을 산출하거나 생활기록부에 기록하는 용도가 아니에요. 문해력에 어려움이 있어서 향후 수업에 참여할 때 난관이 예상되는 학생을 발견하고 이 학생을 도와주기 위한 목적으로 하는 것이지요. 실제로 이러한 학생이 발견되면 담임선생님께서 이 학생을 도와주기 위해 어떠한 교육을 제공하면 좋을지 고민합니다. 따로 1:1로 지도할 시간을 마련하여 1:1 학습지도를 할 수도 있고, 별도로 섭외한 선생님과 함께 공부를 하는 게 좋을지 등 학생의 상황에 맞게 다양한 방법을 모색하지요.

평소 학교생활에서는 수업 시간 중에 아이의 문해력을 다양한 측면에서 평가할 수 있는데, 이는 수행평가(아이가 수업 중 보여 주는 다양한 활동 모습이나 산출물로 평가)의 형태로 이루어집니다. 예를 들면, 학생들이 책을 읽고 독서록이나 다양한 활동지를 작성하고 나면 이를 바탕으로 아이의 독서 이해력과 글쓰기 능력을 확인하고 평가할 수 있지요. 특정 주제에 대해 학생이 자신의 생각을 말로 표현하는 수업에서는 아이의 언어적 표현력과 이해력을 평가할 수 있고요. 독서나 글쓰기와 관련된 프로젝트 수업을 하게 되면 창의적 사고와 응용력 및 종합적인 문해력을 평가할 수 있어요. 이러한 방식으로 교사가 수업 중 학생의 참여도와 읽기 및 쓰기 활동에서의 성취도를 종합적으로 관찰하여 평가합니다. 그리고 학생이 자신의 학습 과정을 돌아보고 스스로 자신을 평가하는 기회를 통해 자신에 대한 인식을 높이고 문해력을 점검하도록 도와주기도 합니다.

03 책을 너무 싫어하는 아이, 집에서 어떻게 해야 할까?

온갖 유혹거리가 넘쳐나는 시대에 우리 아이들의 독서 습관 잡아 주기, 정말 어려우시죠? 아이들이 독서를 즐기도록 유도하는 다양한 방법을 알려 드릴게요.

❶ 흥미 분야에서 출발하여 확장하기

자녀가 흥미 있어 하는 책을 찾아 읽게 해 주고 이를 바탕으로 다른 분야의 다양한 장르를 경험하게 해 줍니다. 아이들은 자신이 경험하였거나 흥미 있어 하는 주제를 가지고 책과 연결시켜 접근할 때 책에 친근감을 느끼게 됩니다. 아이의 주된 관심사가 무엇인지 체크해 보세요. 로봇, 공주, 자동차, 기차, 방구, 똥, 캐릭터 등 다양한 관심 가는 주제들과 책을 연결해 보세요.

❷ 목차만 보고 골라 읽기

책을 읽기 싫어하는 아이에게 책을 첫 장부터 마지막 장까지 순서대로 다 읽으라고 할 필요는 없습니다. 일단 표지와 목차만 보고 마음에 드는 구절만 찾아서 읽어 보라고 권해 주세요.

❸ 나만의 아지트 만들어 주기

집 안에 책 읽는 아지트 공간을 꾸며 준다거나 책상을 예쁘게 꾸며서 독서하기 좋은 공간으로 만들어 주세요. 동생이 있다면 동생과 나의 독서 공간을 살짝 구별해 주는 것도 좋은 시도에요. 나만의 독서 공간이 있다는 것에 자부심을 느끼고 소중히 여기면서 독서를 하도록 유도할 수 있어요. 때로는 동생이 자주 침범(?)하려 하겠지만 언니(오빠)의 소중한 독서 공간을 존중해 주자고 말해 주세요.

❹ 가족 독서 시간 마련

평소 부모님들이 집에서 책을 많이 읽는 모습을 보여 주면 아이들도 그대로 따라 합니다. 가족 모두가 잠들기 전 10분이라도 책 읽는 시간을 마련하여 책을 읽은 뒤 읽은 책을 서로 소개하는 시간을 가져 보세요.

❺ 독서 미션 해결 및 보상

독서 도전 과제를 제시하고 목표 달성 시 보상을 제공하는 방법도 있습니다. 예를 들면, 그림책 한 권을 다 읽을 때마다 스티커를 붙이거나 책을 거꾸로 꽂아 두게 하는 등으로 책을 읽었음을 표시하고 약속한 권수 이상의 책을 읽었을 때 원하는 선물을 사 주세요. 물질적인 보상이라 일시적일 수도 있지만 이러한 부분이 책 읽기에 재미를 붙이는 마중물 역할을 해 줄 수 있어요.

❻ 남는 시간에 학교 도서관에서 대기하는 습관 갖기

학교에서 방과후학교 끝나는 시간이나 학원 가기 전까지 남는 시간에도 학교 도서관에서 대기하면서 약속 시간을 기다리도록 해 주세요. 요즘 초등학교의 학교 도서관은 누워서 책을 볼 수 있는 편안한 공간도 마련되어 있는 등 학생들의 쉼터 같은 공간도 겸하고 있습니다. 설령 도서관에 가자마자 책을 펼치지 않는다고 할지라도 도서관에 자주 가서 도서관을 익숙하게 만드는 것이 좋아요. 편안하고 친숙한 공간에 익숙해지고 나면 자연스럽게 책과 가까이 할 수 있도록 분위기를 조성해 주세요. "오늘 학교도서관에서 학원 차 기다리는 동안 눈에 들어온 책 있었어?"라고 물어봐 주면 아이도 도서관 책 제목에 눈이 가지 않을까요?

04 학습만화, 읽혀도 될까?

결론부터 말하자면, 읽혀도 됩니다. 특히나 독서에 흥미가 없는 학생이라면 학습만화라도 읽는 것이 책을 아예 안 읽는 것보다 훨씬 낫습니다. 또 학습만화는 흔히들 걱정하는 부분에 비해 장점도 꽤 있습니다.

일단 만화 형식은 시각적으로 매력적이어서 아이들이 흥미를 느끼고 자연스럽게 내용을 접할 수 있어요. 재미있고 흥미로운 시각적인 정보가 가득합니다. 또 다양한 주제에 접근하여 쉽게 이해하는 데에 큰 도움이 돼요. 역사, 과학, 문학과 같이 약간 어려울 수 있는 분야의 주제를 다룬 학습만화를 통해 아이들이 쉽고 재미있게 폭넓은 지식을 습득할 수 있어요. 다소 복잡한 개념이나 내용도 만화를 통해 쉽게 설명한 부분을 보고 아이들이 이해하는 데 도움이 될 수 있고요. 또 만화 속 대화와 설명을 통해 새로운 단어와 표현을 자연스럽게 배울 수 있어서 어휘력을 키우는 데에도 어느 정도 도움이 됩니다. 또 학습만화는 대부분 관심 있는 주제를 가지고 아이들이 스스로 선택하여 읽을 수 있어 주도적인 독서 습관을 기르는 데에도 도움이 됩니다. 이러한 학습만화의 장점은 취하는 것이 좋겠지요? 따라서 아이가 흥미 있어 할 만한 학습만화를 선택하여 아이들에게 읽히는 것은 문해력 향상에 긍정적이라고 볼 수 있습니다.

하지만 학습만화 중에 별로 도움 안 되는 책들도 있더라고요. 특히 내용상 별로 교육적이지 않은 학습만화는 살짝 거르는 게 좋습니다. 위에서 언급한 장점들이 많이 들어 있지 않고 다른 잡다한 얘기가 더 많은 만화는 아닌지 한 번쯤 살펴봐 주세요. 그런 것만 아니면 대부분의 학습만화는 도움이 되니까 편하게 읽어도 되어요.

05 책을 사서 보는 게 좋을까? 도서관에서 빌려 보는 게 좋을까?

이 경우도 결론부터 말하자면, 두 가지를 다 하셔야 합니다. 두 가지의 상황에서 취할 수 있는 장점이 각각 다르기 때문이지요.

책을 사는 경우 아이가 직접 책을 소유하기 때문에 그 소유의 가치를 느낄 수 있어서 매우 유익합니다. 아이들은 자기 것으로 소유하게 된 책에 대해서는 더 특별히 애착을 갖고 기뻐합니다. 자신이 좋아하는 책을 소장할 수 있어 언제든지 다시 읽을 수 있고 책을 좀 더 귀하게 대할 수 있지요. 또 자주 읽고 싶은 책을 반복적으로 읽을 수 있기에 이러한 반복적인 재독으로 책 내용에 대해 깊이 있게 이해할 수 있습니다. 또 대가를 지불하고 책을 소장하는 것이기 때문에 고르는 과정에서도 더욱 신중을 기하게 되고 이 과정에서 아이의 취향을 반영하는 책을 심사숙고하게 되기 때문에 아이의 개인적인 취향이 더 드러납니다.

반면 도서관에서 빌려 보는 경우 무료로 다양한 책을 읽을 수 있어 경제적이지요. 비용 부담 없이 실컷 다양한 책을 볼 수 있다는 점에서 매우 강력한 장점을 지녔습니다. 또 그러하기에 여러 종류의 책을 시도해 보면서 다양한 선택을 해 볼 수 있으므로 이 과정을 통해 아이의 관심사를 넓힐 수 있습니다. 그리고 도서관에 가는 습관을 갖게 되는 것 또한 독서에 대한 흥미를 지속적으로 키울 수 있는 좋은 습관이 됩니다.

이렇게 다른 장점을 가지고 있기 때문에 두 가지를 다 하는 것이 책을 좋아하고 바른 독서습관을 잡도록 하는 데 매우 유익합니다. 또 두 장점 중에 어떤 장점을 바탕으로 독서를 친숙하게 받아들이게 될지 알 수 없어요. 천천히 그러나 꾸준히 도서관과 서점을 자주 드나드는 생활 환경을 만들어 보세요.

06 어떤 가정에서 자란 아이가 문해력이 높을까?

어떤 가정환경에서 자란 아이들이 문해력이 높은지에 대해 많은 연구가 있어 왔어요. 이러한 내용을 바탕으로 우리 아이들을 키워 가는 어른들이 어떤 가정환경을 만들어 주면 아이들의 문해력을 키우는 데 좋을지 소개합니다.

❶ 언어적 상호작용이 풍부한 환경

평소 대화가 많은 집안 분위기를 만들어 주세요. 가족들과 다양한 대화가 자연스럽게 오고 가는 분위기 속에서 아이는 풍부한 언어 환경을 갖게 됩니다.

❷ 책, 잡지, 신문 등 읽을거리가 다양하고 이를 스스로 선택할 수 있는 환경

이것저것 다양한 형태의 읽을거리가 많은 환경을 만들어 주세요. 신문이나 잡지를 구독하여 읽는다던가, 집 안에 소장하는 책들이 많이 있는 환경도 좋습니다. 아이가 집에서도 읽을거리를 스스로 선택하여 읽을 수 있도록 기회를 주세요.

❸ 긍정적인 피드백을 주어 자신감을 키워 주는 환경

아이의 언어적 표현에 대해 긍정적인 피드백을 주면서 자신감을 형성할 수 있습니다. 특히 초등 저학년 시기에는 아이의 다양한 언어에 긍정적으로 반응하는 것이 중요합니다. 그런 상태여야 언어 표현에 거부감이 없기 때문이지요.

❹ 심리적으로 안정된 아이의 환경

사실상 가장 중요하고 어렵지만 절대 놓아서는 안 되는 요소입니다. 아이가 심리적으로 안정되어 있어야 편안한 상태에서 언어적 상호작용이 풍부할 것이고, 다양한 읽을거리를 찾아 읽을 수 있을 것이고, 긍정적인 피드백을 받아 자신감이 풍부한 상태이겠지요. 가정이 평안하고 안정감이 있을 수 있도록 총체적인 노력을 해 봅시다.

---

07 문해력 향상을 위해 한자 학습을 미리 시키는 게 좋을까?

한자 공부를 하면 글을 이해하는데 확실히 도움이 됩니다.

한자는 하나의 음가가 그 자체로 의미를 가집니다. 각 글자마다 뜻을 가지고 있어 한자를 배우면 단어의 의미를 더 깊이 이해할 수 있습니다. 모르는 단어가 나와도 어떤 뜻일지 유추해 볼 수 있고 맥락 속에서 파악해 보려 노력하게 되므로 의미를 한층 쉽고 빠르게 파악하는 능력이 생깁니다.

또 많은 국어 단어가 한자로 구성되어 있어 한자를 통해 의미를 이해하면 어휘력을 넓힐 수 있습니다. 모르는 단어가 나와도 한자의 뜻이 어떻게 쓰였을까 생각해 보면서 어떤 뜻일지 생각해 보는 것이지요. 그러면서 새로운 어휘를 파악하고 이 어휘를 내 것으로 만들어 놓으면 다음에 다른 문장이나 글 속에서 또 발견되었을 때 자신감을 갖고 글을 읽어가는 아이의 모습을 볼 수 있습니다.

이렇게 해서 아는 어휘가 많으면 글을 읽을 때 글이 술술 읽힙니다. 한자 학습을 통해 아는 단어들이 많아지면 다양한 글을 읽고 이해하는 데 도움이 될 수 있어요. 특히 학년이 올라갈수록 내용을 파악하기 어려운 글을 읽을 때에도 쉽게 포기하거나 지레 지치지 않고 읽을 수 있습니다.

하지만 한자 학습은 아이의 연령과 수준에 맞춰서 해야 해요. 또 하나의 지루한 공부처럼 느껴지거나 큰 부담을 주지 않도록 하는 것이 중요합니다. 특히 저학년의 경우 가정에서는 학습의 형태보다는 아이가 흥미를 느끼고 자연스럽게 배울 수 있도록 실생활이나 상황 맥락 속에서 이해하도록 하는 것이 좋습니다. 글 속에 나타난 단어의 뜻을 유추해 보고, 한자의 뜻에 따라 풀이해서 뜻을 생각해 보게 하는 기회를 주는 거지요. 예를 들어, 아이와 같이 카

폐에 갔을 때 '출입금지'라는 문 앞의 글자를 보고 "날(출), 들(입), 금할(금), 그칠(지), 즉 들고 나는 것을 금하고 멈춘다는 뜻이란다." 라고 말해 주거나 아이가 스스로 유추해 보게 하는 거예요.

08 유튜브를 보면서 문해력을 기를 수 있을까?

사실 영상은 시각과 청각과 같은 감각이 우선인 매체입니다. 글을 읽으며 이해를 하는 사고의 과정을 거치지 않고 감각적으로만 전해지는 경우가 많아 아이들의 문해력에 부정적 영향을 미칩니다. 하지만 오늘날처럼 영상으로 많은 정보를 얻는 시대에 영상을 보면서도 문해력을 기를 수 있는 방법은 무엇이 있을까요? 유튜브와 같은 영상을 보실 때 자막이 있는 영상을 볼 것을 추천합니다. 자막을 함께 보면 소리를 들으면서도 눈은 글자와 문장을 읽고 있기 때문에 글을 읽는 사고의 과정이 일어납니다. 즉 자막을 읽으며 소리를 들으면 누군가 책을 읽어 주는 것과 같은 효과가 있다는 뜻입니다. 요즘처럼 영상이 우리 생활에 깊숙하게 침투해 있는 때에 피할 수 없다면 이처럼 다른 방법으로 아이들의 문해력을 길러 주는 것이 필요합니다.

아이가 보는 영상에 대하여 관심을 가지고 선택에 조언을 해 주시는 것도 중요합니다. 아무런 정보나 상호 간의 대화도 없이 소리와 화면만으로 전환이 되고 꾸며진 영상보다는 재미있으면서도 내용에 주제가 있고 대화와 상호작용을 볼 수 있는 영상이 문해력에 좀 더 도움이 됩니다. 대화할 때의 분위기, 화제, 말의 연결 관계 등을 살펴보면서 영상을 본다면 단순한 재미가 아닌 학습의 효과도 있을 것입니다. 이처럼 아이가 흥미 있어 하면서도 도움이 되는 콘텐츠를 부모와 함께 찾아보는 시간을 갖는 것은 학습뿐 아니라 부모와의 관계에서도 의미가 있는 일이 되겠지요?

09 문해력이 좋은지 나쁜지 집에서 어떻게 알 수 있을까?

문해력은 아이가 사용하는 말과 행동을 통해 쉽게 파악할 수 있습니다. 부모님과의 대화나 형제자매와의 대화를 유심히 관찰해 보세요. 예를 들어, 주제와 상관없는 이야기를 자주 한다거나 대화의 흐름을 따라가지 못한다면 문해력 공부가 더 필요할 수 있습니다. 친구들과 시간을 보낼 때 혼자 겉돈다는 느낌이 든다면 아이의 사회성을 의심하기 전에 문해력에 대한 고민도 한번 해 보세요. 장난감이나 물건을 조립할 때 설명서를 제대로 이해하지 못할 경우에도 문해력을 점검해 볼 필요가 있습니다. 설명서는 순서와 내용을 간단명료하게 전달하는 문서와 다름없는데, 이를 이해하지 못한다면 읽고 해석하는 훈련이 더 필요하다는 신호입니다. 일상에서 아이들의 행동과 반응을 관찰하면 문해력의 수준을 충분히 짐작할 수 있답니다.

10 문해력을 높이기 위해 국어 문제집을 풀어야 할까?

국어 문제집 풀이와 문해력은 별개의 문제입니다. 국어 문제집에서 높은 점수가 나온다고 해서 문해력이 높다고 단정할 수는 없어요. 문제집을 잘 푸는 것은 시험 요령과 기술을 익힌 결과일 수도 있기 때문이지요.

이와 반대로 독서는 문해력을 향상시켜 주고 더불어 국어 학습 능력도 신장시켜 주기 때문에 일석이조입니다. 독서는 문해력도 올려 주고 국어 문제 점수도 높게 나오게 해 주지만, 반대로 문제집을 많이 푸는 행위가 문해력을 올려 준다고는 할 수 없어요. 문해력이 어느 정도 되는지 알아보고 잘 몰랐던 부분을 점검하기 위해 국어 문제집을 풀어 보는 것이지 국어 문제집을 많이 푼다고 문해력이 향상되는 건 아니에요.

문해력은 다양한 글을 읽고 내용을 이해하며 스스로 생각을 정리할 수 있는 능력입니다. 독서는 이러한 문해력을 키우는 데 가장 효과적인 방법이지요. 아이가 다양한 장르의 책을 읽으며 글의 흐름을 파악하고 자신의 생각을 표현할 수 있도록 도와주세요. 문해력을 키우는 게 목적이라면 문제집 풀이보다는 책 읽기와 생각 나누기를 하는 게 훨씬 더 효과적입니다. 다양하고 많은 양질의 도서를 자주 읽는 것은 문해력과 국어 성적을 올리는데 관련이 있지만 국어 문제집 풀이는 문해력과 커다란 관련이 있다고 할 수 없어요.

11 아이가 글쓰는 것을 어려워할 때 돕는 방법으로 무엇이 있을까?

아이가 글쓰기를 시작할 때 막막해하는 경우는 자연스러운 일입니다. 아이들은 무엇을 써야 할지, 어디서부터 시작해야 할지 몰라 어려움을 느끼곤 하지요. 이럴 때는 아이가 글의 방향성을 잡고, 머릿속 생각을 정리할 수 있도록 질문과 대화를 통해 끌어내도록 해 주세요.

"오늘 학교에서 재밌었던 일이 있었어?"

"가장 기억에 남는 여행은 언제였어? 언제? 누구와? 어디로? 어떤 일이? 왜 그랬을까?"

"어제 본 영화나 책 중에서 어떤 부분이 제일 좋았니?"

이렇게 구체적인 질문을 던지면 아이는 머릿속에서 자신의 경험을 떠올리기 시작합니다. 대화 속에서 나온 이야기를 메모로 정리해 주면서 "이 이야기를 글로 써 보자." 하고 격려해 보세요. 아이가 자연스럽게 대화하면서 말로 내뱉은 내용을 그대로 글로 옮겨 쓰도록 해 주세요. 마치 말하듯이 글을 쓰게 해 줌으로써 글쓰기 시작의 부담감을 없애 주는 것입니다.

메모로 정리하는 과정에서 마인드맵으로 시각화하는 활동도 추천합니다. 마인드맵은 아이가 머릿속의 혼란스러운 생각을 시각적으로 정리하는 데 큰 도움을 줍니다. 주제에서 뻗어 나가는 선을 그리고 단어를 연결하는 작업을 함께해 주시면 이를 바탕으로 글을 쓰는 데 도움이 됩니다.

12 아이가 쓴 글을 지적하면 창의성을 막을까?

아이의 글쓰기를 지도할 때 가장 하지 말아야 하는 것이 '빨간펜'입니다. 문맥과 문법, 맞춤법에 맞지 않는다고 빨간펜으로 고쳐 써 주거나 지적을 한다면 아이는 글쓰기에 대해 흥미와 자신감을 잃고 두려워할 것입니다.

글쓰기를 지도할 때 가장 중요한 것은 아이의 창의력을 보호하는 거예요. 따라서 글을 쓴 초등학생 아이들에게 필요한 것은 지적이 아닌 격려인 것이죠. 부족한 것을 말하기보다는 좋은 점을 찾아 먼저 말해 주는 것이 중요합니다. "이거 재미있는 표현이네. 어떻게 이런 생각을 했어? 글이 생생하고 실감난다."와 같은 칭찬과 격려를 해 준다면 아이는 신이 나서 글쓰기를 하게 될 것입니다.

고쳐 주고 싶은 부분이 있더라도 될 수 있으면 너무 많이 해 주지 않는 것이 좋습니다. 다만 주제에서 너무 벗어나는 글을 쓰게 되었다면 "이 부분은 전체적인 글과 다른 내용이 써 있는 거 같은데 너는 어떻게 생각해?" 하며 되묻는 정도로 하고 최종적인 결정은 아이가 할 수 있도록 주도권을 넘겨 주세요.

13 혼자서는 책을 절대 안 읽고 꼭 옆에서 읽어 달라고 해요. 초등 1학년 다른 아이들 중 혼자서 책 읽는 아이도 있던데 우리 아이는 제가 옆에서 읽어 줘야만 하니 조바심이 나네요.

이런 시간도 곧 끝납니다. 오히려 지금 책을 읽어 달라고 할 때 최대한 많이 읽어 주세요. 아이들의 독서 능력은 저마다 차이가 있기 때문에 아이의 특성을 먼저 고려하는 것이 중요합니다. 다른 아이들은 각자 책을 읽는데 자녀가 부모님이 책을 읽어 주기를 원한다면 아직 아이가 생각했을 때 혼자 읽을 준비가 되어 있지 않은 거예요. 또 옆에서 다른 사람이 책을 읽어 주는 활동 자체가 매우 좋은 활동입니다. 이야기를 읽으며 느껴지는 감정을 함께 나눌 수 있으니까요. 그렇게 꾸준히 함께 읽기를 하다 보면 아이가 어느 순간 스스로 충분하다고 느끼는 시점이 와요. 그러면 그때부터는 혼자 읽으려고 할 거예요. 또 학교에서는 수업 시간에 다 같이 읽는 활동 외에 평소 자율 독서 시간에는 아이가 혼자 책을 읽을 수밖에 없는 환경이기 때문에 집에서라도 아이가 책을 읽어 주길 원한다면 그렇게 해 주시는 게 좋아요. 곧 독서의 주체가 부모님에서 학생 자신으로 옮겨질 것입니다.

> ## 14 아이가 일춘기가 왔는지 책 읽고 대화 좀 하려고 하면 "아~ 몰라 몰라!" 하면서 모르쇠로 일관합니다.

아이가 혹할 만한 주제를 가지고 대화를 이끌어 보세요. 예를 들어, 티니핑 캐릭터에 관심이 많다면 티니핑을 연결고리 삼아서 흥미를 끌만한 텍스트를 제시하는 거예요. 티니핑 그림책, 티니핑 영화의 자막 등 티니핑을 매개로 하는 텍스트가 많이 있어요. "티니핑 중에 누가 좋아? 왜 좋아? 너랑 닮은 것 같은 캐릭터는 누구야? 왜 그렇게 생각해?" 등등의 얘기를 하다 보면 은근히 아이 입에서 철학적인 얘기가 나오기도 합니다. 나 자신을 어떻게 바라보고 있고, 어떤 마음으로 어떻게 살고 싶은지 정말 깊이 있는 속마음이 튀어나올 수 있어요.

또 아이들은 부모가 검사한다는 느낌이 들면 거부감을 가지고 행동합니다. 부모님이 책에 대한 대화를 나누려고 하는 것이 아이에게 숙제와 같이 느껴지는 것이 아닌지를 먼저 확인해 보세요. 자연스러운 일상 대화처럼 느껴진다면 아이는 거부하지 않을 것입니다. 아이들은 숙제를 별로 좋아하지 않는다는 걸 기억하세요!

15 문해력을 완전히 마스터하는 건 언제쯤인가요?

마스터가 되는 시기는 없는 것 같아요. 어른 중에서도 문해력이 부족한 사람들을 종종 볼 수 있는 것처럼 문해력은 평생 학습되고 채워지는 것입니다. 어른들 사이에 "문해력 실화야?"라는 말이 흔한 농담처럼 쓰이는 것만 보아도 알 수 있습니다. 학년이 올라가고 성인이 되어도 문해력은 계속해서 길러지고 다듬어져야 하는 영역입니다. 다만 1장에서 소개해 드렸다시피 초등 1~2학년 시기가 초기문해력을 형성하는 데 아주 중요한 시기여서 다른 때보다 좀 더 집중적으로 문해력을 키우기 위해 노력해야 하는 시기에요. 어떤 일이든 시작과 기초가 중요하듯이 문해력 형성을 위하여 부모의 관심이 필요한 때가 초등학교 저학년입니다. 그래서 이 시기에는 다른 때보다 책을 읽어 주고 함께 읽으며 대화를 나누는 등 의도적인 노력이 좀 더 필요한 시기예요.

16 딸이 스토리가 있는 책을 좋아하는데 책을 너무 대충 휘리릭 읽고선 다 읽었다고 하는 것 같아요.

이야기의 결말이 몹시 궁금하다 보니 마음이 급해서 그런 것 같아요. 이런 경우도 괜찮습니다. 일단 결말이 어떻게 되는지 본 뒤 되돌아가서 다시 천천히 읽어 내려갈 수도 있어요. 이런 친구들의 경우는 하나의 책을 여러 번 돌려 읽게 하는 것이 좋아요. 책을 한 번 봤다고 끝내지 말고 여러번 읽으면서 곱씹게 하는 거예요. 한번 봤다고 바로 덮지 말고 여러 번 보면서 어떤 장면에서 어떤 부분이 기억에 남는지 슬쩍 질문을 던져 주면 좀 더 자세하게 보려고 자극할 수 있겠지요? 또 이런 성향의 친구들은 혹시 책을 같이 읽는 친구가 있다면 함께 읽고 얘기를 나누면서 독서 모임 같은 방식으로 하면 효과가 커요. 친구의 얘기를 듣고 "그 책에 그런 내용이 있었다고?" 하면서 다시 보게 하는 효과가 있을 거예요.

또한 아이가 관심 있고 좋아하는 주제의 책인지도 점검해 볼 필요가 있습니다. 관심이 없는 분야인데 억지로 책을 읽는다면 대충 읽고 다 읽었다고 말할 수 있어요. 우리 어른도 자신이 관심 없는 분야는 읽지 않거나 대충 보고 넘기잖아요. 아이의 관심사에 맞는 책을 추천해 주고 읽도록 유도하고 격려해 주는 것이 필요합니다.

> **17** 아들은 책 읽는 분야가 너무 한쪽으로 치우쳐져 있어요. 비문학책만 너무 좋아하고 이야기책은 전혀 안 읽어요.

아이가 어떤 분야에 대해 관심을 가지고 책을 읽는다면 정말 기쁜 일입니다. 독서는 원래 자신이 좋아하는 책을 읽으면서 시작이 되거든요. 좋아하는 책을 반복해서 계속 읽는 것도 그 또래 아이들의 특성이며 자연스러운 일입니다. 좋아하는 책을 여러 번 읽고 같은 분야의 책만 읽다가 점차 분야가 넓어지는 것이 독서의 과정이라고 할 수 있지요. 자신만의 책 취향이 뚜렷한 아이에게는 일단 개인의 취향을 존중해 주어야 해요. 이를 무시하고 다른 책도 같이 볼 것을 강요하게 되면 책과 멀어질 수 있어서 주의해야 해요. 비문학이라도 보는 게 기특하다고 생각하면서 좋아하는 책을 계속 읽게 해 주세요. 그리고 한 가지 팁을 덧붙이자면 비문학책인데 스토리텔링이 들어간 방식의 책들이 있는데 그런 책들을 살짝 껴 주면 좋을 것 같아요. 예를 들어, 『정재승의 인류탐험보고서』시리즈의 경우 캐릭터가 등장하고 이야기가 전개되는 가운데 과학 지식을 알려 주잖아요. 이러한 방식의 책을 함께 읽는 걸 추천해요.

아이의 문해력과 관련하여 좋은 질문을 해 주신
이슬이 님, 김현정 님, 박상희 님, 김가형 님, 이송희 님께 감사드립니다!